讲解＋实操一本通

居室空间设计实训教程 从概念到实施

李世明／编著

中国大百科全书出版社

图书在版编目（CIP）数据

居室空间设计实训教程：从概念到实施 / 李世明编
著 . -- 北京：中国大百科全书出版社，2024．7.
ISBN 978-7-5202-1589-3

Ⅰ.TU241

中国国家版本馆 CIP 数据核字第 2024FJ2703 号

全书统稿	李　斌
策 划 人	赵咏哲
责任编辑	范紫云
责任印制	李宝丰
出版发行	中国大百科全书出版社
社　　址	北京阜成门北大街 17 号
邮政编码	100037
电　　话	010-88390701
网　　址	www.ecph.com.cn
印　　刷	河北鑫玉鸿程印刷有限公司
规　　格	787 毫米×1092 毫米　1/16
印　　张	15
字　　数	230 千字
印　　次	2024 年 7 月第 1 版　2024 年 7 月第 1 次印刷
书　　号	ISBN　978-7-5202-1589-3
定　　价	98.00 元

前　　言

在当代社会，居室空间设计已不仅是一种满足居住需求的实用艺术，更是一种展现个性、提升生活质量的重要手段。随着科技的进步和文化多样性的融合，居室空间设计领域正经历着前所未有的变革。《居室空间设计实训教程：从概念到实施》正是在这样的背景下应运而生，旨在为设计专业的学生、从业者，及对室内设计有兴趣的广大读者提供一本全面、深入，具有前瞻性的学习资料。

本教材结合了最新的设计理念、技术、教学实践，力求在内容上达到以下目标：

系统性。从基础理论出发，全面介绍了居室空间设计的各个环节，包括设计原则、人体工程学、界面处理、设计程序、虚拟仿真实训操作等。

实用性。强调理论与实践的结合，通过案例分析和实训操作，使学习者能够将理论知识应用于实际设计中，提升解决实际问题的能力。

先进性。紧跟设计领域的最新趋势，引入了绿色环保等现代设计理念及最新的装饰材料和技术。教材不仅局限于设计学本身，还融入建筑学、社会学、心理学、人体工程学、经济学等多学科的研究成果，为学习者提供了一个更为广阔的知识视野。

创新性。本教材鼓励学习者在设计中寻找和创造独特的主题，提倡个性化和定制化设计。通过主题法设计的教学，激发学习者的创新思维，鼓励他们超越传统，探索新的设计语言和表现形式。教材中特别增加了虚拟仿真实训操作的内容，利用现代信息技术，模拟真实设计过程，提供了一个安全、经济且高效的实践平台。这种实训方式不仅能够增强学习者的实践体验，还能够帮助他们在没有实际施工风险的情况下，自由探索设计的可能性。

本教材的每个章节都配有丰富的图示和实例，以及详细的操作指导，使学习者能够直观地理解设计原理，并掌握设计技巧。我们相信，通过本教材的学习，不仅能够获得居室空间设计的基本技能，更能够培养出独立思考和创新设计的能力。

在编写过程中，我们得到了许多同行和专家的宝贵意见和建议，他们的专业见解对本教材的完善起到了重要作用。同时，我们也期待读者的反馈，以便不断改进和内容更新。

最后，感谢所有参与本教材编写、审校和出版工作的人员。我们希望《居室空间设计实训教程：从概念到实施》能够成为学习者在室内设计道路上的良师益友。

祝学习愉快！

目　录

第一章 居室空间设计概述

本章要点：

居室空间设计的定义

居室空间设计的基本原则

学习目标：

了解居室空间的定义、分类、构成和原则

建议学时：

4 学时

第一节　居室空间设计的定义

居室空间设计是以居住空间为对象，通过对空间、色彩、照明和家具陈设等内容的创造与改变来满足居住者对功能和精神双重需求的一种综合性活动过程。

现代居室空间设计强调对空间环境整体、系统地把握，综合运用建筑学、社会学、心理学、人体工程学、经济学等多学科的研究成果，将技术与艺术紧密结合起来，强调以"人"为主体，重视人的参与性和体验感，在建筑设计的基础上进一步调整空间的尺度和比例，完善空间功能，提升空间品质，创造理想的人居环境。（图 1-1）

居室空间是居住者生活、起居的基本场所，它对使用者需求的满足就构成了居室空间的基本功能。居室空间需要具备起居、就寝、休息、就餐、工作学习、视听、家庭团聚、娱乐、个人清洁等功能，其中起居、就寝、个人清洁、储藏、工作学习这五个功能是居室空间的主要功能。

图 1-1

第二节　居室空间的分类与构成

一、居室空间的分类

居室空间按照使用功能来划分，可以分为起居室、卧室、书房、餐厅、厨房、卫生间、储物间、衣帽间、工作室、门厅、家庭娱乐室、健身室等。

起居室即客厅，是供居住者会客、娱乐、团聚等活动的空间。（图1-2）

卧室是满足居住者休息、睡眠等需求的空间。卧室又可以分为主人房、儿童房、老人房、客房以及工人房等。（图1-3）

大部分的住宅中，工作室或者书房是同一空间，是供使用者工作、学习、阅读的空间。（图1-4）

卫生间也可称为盥洗室，是进行个人及家庭卫生的空间。卫生间不仅要满足居住者淋浴、盥洗、如厕等基本需求，还要满足与之相关的更衣、梳妆、简单护理等需求。根据形式可分为半开放式、开放式和封闭式。比较流行的是有干湿分区的半开放式。（图1-5）

储物间是供家庭成员进行物品存储的空间。（图1-6）

衣帽间是供家庭成员收放衣物、更衣以及梳妆的专用空间。（图1-7）

门厅是进入居室空间的通道，一般起到连接室内外空间、保护室内隐私等

图 1-2	图 1-3
图 1-4	图 1-5
图 1-6	图 1-7
图 1-8	图 1-10
图 1-9	

功能，是室外进入室内的过渡空间。（图1-8）

家庭娱乐室是根据家庭成员的需要进行娱乐活动的空间，它可以是家庭影音空间，也可以是游戏活动的空间。（图1-9）

健身室是家庭成员进行体育健身的空间。（图1-10）

二、居室空间的构成

居室空间一般由三种性质的空间构成——公共空间、私密空间、家务空间。

公共空间是居室空间中满足公共需要的综合活动场所，它应该满足家人间的相互沟通交流、家庭与外界间的交际以及视听等娱乐活动的需求。在公共空间进行的活动包括谈聚、视听、阅读、用餐、娱乐等，所涉及的空间有门厅、起居室、餐厅、家庭娱乐室等。

私密空间是为家庭成员独自进行私密行为所设计的空间，主要是提供家庭成员休息、睡眠、梳妆、更衣、淋浴、如厕等活动的空间。私密空间包括卧室、书房（或工作室）、衣帽间、卫生间等。

家务空间是为家务活动所设计的空间，如清洁、烹饪、洗晒衣物等。主要包括厨房、生活阳台等。

第三节　居室空间设计的原则

一、安全原则

居室空间设计要遵循的第一原则是保证居室空间的安全，这种安全性既包括装修技术的可靠，也包括使用材料的安全。

在进行居室空间设计时，应该严格遵守国家和行业的相关标准，保证装修技术的可靠和安全，对建筑墙体、管线等不可随意改动。同时，在进行设计时，也要避免使用环保等级不达标的材料，否则会造成室内环境污染，对居住者健康造成损害。

二、实用原则

居室空间设计的实用原则是指在居室空间的设计中应该考虑居住者日常生活的使用需求。设计师应该根据空间的功能特点、人类行为模式和居住者的生活需求进行相应的区域划分，使居室空间形成合适的面积、容量以及适宜的形状，创造出使居住者生活更加便利的环境。

三、美观原则

居室空间的设计要满足一定的精神和审美需求，利用空间的各种艺术处理手法，使居住者的感官获得美的享受。

四、经济原则

居室空间设计要根据居住者的经济承受能力，从品位中入手，以较少的投入发挥最大的空间效益。同时，提倡"绿色环保"的居室空间设计与装修，减少对环境资源的消耗和破坏。

五、独特原则

居室作为不同家庭、个体的私人空间，应该根据人的个性化要求展开构思设计，体现居住者品位、兴趣、爱好等。

六、友好原则

人不仅仅是单独的个体，也具有社会属性，因此在进行居室空间设计的时候，应考虑协调、优化私人空间和群体空间、个性展示和公共规范、居住区的象征与建筑群体的意象等关系，创造良好、积极、有益的社区环境。

第二章 居室空间设计的人体工程学

本章要点：

人体工程学的内容

常见的人体工程学尺寸

学习目标：

掌握人体工程学的常见尺寸

建议学时：

8 学时

第一节　人体工程学尺度

人体工程学是一门将人的生理、心理特性与空间设计相结合的科学，它旨在通过优化空间布局、家具设计、照明配置等，提高居住者的舒适度、效率和健康，从而使环境适合人类的行为和需求。对于居室空间设计来说，人体工程学的最大课题就是尺度的问题。

人体尺寸可划分为静态尺寸与动态尺寸。静态尺寸是被试者在固定的标准位置所测得的躯体尺寸，也称为结构尺寸；动态尺寸是被试者在活动的条件下测得的躯体尺寸，也称为功能尺寸。

人体在室内空间进行各种活动所需的范围，是居室空间设计中确定门扇宽度、台阶尺寸、窗台与阳台高度、家具规格及其间距、楼梯平台和室内净空高度等关键参数的基础。除了功能性方面的考量，设计还应充分考虑人们的心理感受，以确保空间能够满足人们对于舒适和美感的心理需求。

尽管静态尺寸在某些特定的设计情境下具有其独特价值，但动态尺寸在多数设计实践中更为关键。依赖静态尺寸进行设计可能会过分强调人体与空间边界的最小间隙，而考虑动态尺寸则有助于将设计的焦点转移到实现操作的功能性和舒适性上。

一、静态尺度（人体尺度）

《中国成年人人体尺寸》（GB/T 10000—2023）是 2024 年 3 月 1 日开始实施的中国成年人人体尺寸国家标准，该标准给出了用于技术设计的 52 项静态人体尺寸和 16 项人体功能尺寸的统计值。（见本章后附表）

二、动态尺度（人体动作域与活动范围）

在现实生活中，人们总是在变换着姿势，并且人体本身也随着活动的需要而移动位置，这种姿势的变换和人体移动所占用的空间构成了人体活动空间，也称为作业空间。

人们在室内各种工作和生活活动范围的大小，即动作域，是确定室内空间尺度的重要依据因素之一。以各种计测方法测定的人体动作域，也是人体工程学研究的基础数据。

在进行居室空间设计时，家具的布局和空间的组织安排必须细致考虑活动人群所需的空间尺度，包括进深、宽度和高度。选择人体尺度的具体数据尺寸时，设计应兼顾以下因素：

安全性。确保在各种空间中，人们活动的安全不受影响。

普遍适用性。选择的尺寸应适合大多数人，满足一般人群的需求。

舒适性。除了满足基本的安全和适用性要求，还应考虑空间的舒适性，以提升人们的居住和使用体验。

一般认为，针对居室空间设计中的不同情况可以按以下人体尺度来考虑：

按较高人体高度考虑空间尺度。楼梯顶高、栏杆高度、阁楼及地下室净高、门洞的高度、淋浴喷头高度、床的长度等。

按较低人体高度考虑空间尺度。楼梯踏步、厨房吊柜、搁板、挂衣钩及其他空间置物的高度、盥洗台、操作台的高度等。

第二节 常见的人体工程学尺寸

1. 沙发

由于风格样式不同，沙发的尺寸也有很大区别。常见的沙发有单人式、双人式、三人式和转角式。高度一般为900mm，其中坐垫高450～500mm，宽800～900mm。长度各不同，单人沙发长900mm左右，双人沙发长1200～1500mm，三人沙发和转角沙发长度在2100mm以上。一般来说，沙发的深度在800～1000mm，以便使用者可以舒适地伸展双腿。

2. 茶几

一般市面上常见的茶几形状有正方形、长方形、圆形和异形。高度一般为400～500mm，尺寸一般可以根据已有客厅的实际面积大小选择。同时，茶几与沙发之间的距离也很重要，通常至少应保持300mm的间隙，以便人们可以轻松通过。

3. 桌子

人体工程学理想化设计的桌子高度一般为750～800mm。室内陈设中出现的桌子一般有餐桌、书桌或办公桌、老板台和电脑桌等。

四人餐桌一般为正方形，边长为800mm×800mm～900mm×900mm；6人餐桌长宽在1200mm×800mm～1400mm×900mm。

书桌或办公桌，长宽一般为1200mm×600mm、1400mm×700mm和1600mm×750mm。

老板台长宽一般为1800mm×800mm或以上，可根据房间大小而定尺寸。

电脑桌高650～700mm，长宽为650mm×520mm～1200mm×600mm。

4．座椅

分为办公椅和餐椅。坐垫高 430 ～ 450mm，宽深为 450mm×400mm ～ 500mm×450mm，靠背高 450 ～ 800mm。

5．衣柜

深 550 ～ 600mm，高度和长度可以根据空间而定。

6．床

常见的有单人床和双人床。高 300 ～ 450mm，长 1900 ～ 2000mm。单人床宽 900 ～ 1200mm，双人床宽 1350 ～ 1800mm。床头高 850 ～ 950mm。对于欧式、中式等特殊样式的床，尺寸要根据家具本身来确定。

7．书柜和书架

一般高 1800mm，宽 1200 ～ 1500mm，深 250 ～ 350mm，方便书籍的取放。书架的高度是可变的，可根据空间进行调整。如果书架有陈列和展示功能，深度可适当增加。

8．床头柜

高 500 ～ 700mm，宽 500 ～ 800mm。

9．坐便器

高 400 ～ 450mm，宽 350 ～ 500mm，长 600 ～ 750mm。

10．洗脸盆

高 800 ～ 900mm，宽 450 ～ 600mm。

11. 门

高 1900 ～ 2200mm，宽 650 ～ 950mm。

12. 厨柜

分为吊柜和地柜。吊柜宽度 450mm，高度和长度可根据空间调整。地柜高 800 ～ 900mm，宽 600mm 左右，长度不限。吊柜宽度小于地柜也是符合人体工程学标准的，以防止在操作时碰头。

13. 电视

19 寸、22 寸和 24 寸的长宽比为 16 ：10；37 寸、42 寸、46 寸和 50 寸的长宽比是 16 ：9；21 寸、25 寸、29 寸、34 寸和 43 寸的长宽比是 4 ：3。不同品牌电视的尺寸存在差异。选择时要根据客厅的跨度选择大小合适的电视。

14. 洗衣机

不同品牌的洗衣机尺寸也各不相同。一般直筒洗衣机长宽高尺寸在 520mm×530mm×900mm 左右，滚筒洗衣机尺寸在 840mm×600mm×400 ～ 600mm。

15. 墙面

踢脚板高 80 ～ 200mm；墙裙高 800 ～ 1500mm；挂镜线高 1600 ～ 1800mm。

16. 灯具

壁灯高 1500 ～ 1800mm；壁式床头灯高 1200 ～ 1400mm；照明开关高 1000mm。

附表：

表 1 18 岁～70 岁成年男性静态人体尺寸百分位数

测量项目		百分位数						
		P1	P5	P10	P50	P90	P95	P99
1	体重 /kg	47	52	55	68	83	88	100
立姿测量项目 单位：mm								
2	身高	1528	1578	1604	1687	1773	1800	1860
3	眼高	1416	1464	1486	1566	1651	1677	1730
4	肩高	1237	1279	1300	1373	1451	1474	1525
5	肘高	921	957	974	1037	1102	1121	1161
6	手功能高	649	681	696	750	806	823	854
7	会阴高	628	655	671	729	790	807	849
8	胫骨点高	389	405	415	445	477	488	509
9	上臂长	277	289	296	318	339	347	358
10	前臂长	199	209	216	235	256	263	274
11	大腿长	403	424	434	469	506	517	537
12	小腿长	320	336	345	374	405	415	434
13	肩最大宽	398	414	421	449	481	490	510
14	肩宽	339	354	361	386	411	419	435
15	胸宽	236	254	265	299	330	339	356
16	臀宽	291	303	309	334	359	367	382
17	胸厚	172	184	191	218	246	254	270
18	上臂围	227	246	257	295	332	343	369
19	胸围	770	809	832	927	1032	1064	1123
20	腰围	642	687	713	849	986	1023	1096
21	臀围	810	845	864	938	1018	1042	1098
22	大腿围	430	461	477	537	600	620	663
23	坐高	827	856	870	921	968	979	1007
24	坐姿颈椎点高	599	622	635	675	715	726	747
25	坐姿眼高	711	740	755	798	845	856	881

（续表）

测量项目		百分位数						
		P1	P5	P10	P50	P90	P95	P99
坐姿测量项目 单位：mm								
26	坐姿肩高	534	560	571	611	653	664	686
27	坐姿肘高	199	220	231	267	303	314	336
28	坐姿大腿厚	112	123	130	148	170	177	188
29	坐姿膝高	443	462	472	504	537	547	567
30	坐姿腘高	361	378	386	413	442	450	469
31	坐姿两肘间宽	352	376	390	445	505	524	566
32	坐姿臀宽	292	308	316	346	379	388	410
33	坐姿臀－腘距	407	427	438	472	507	518	538
34	坐姿臀－膝距	509	526	535	567	601	613	635
35	坐姿下肢长	830	873	892	956	1025	1045	1086
头部测量项目 单位：mm								
36	头宽	142	147	149	158	167	170	175
37	头长	170	175	178	187	197	200	205
38	形态面长	104	108	111	119	129	133	144
39	瞳孔间距	52	55	56	61	66	68	71
40	头围	531	543	550	570	592	600	617
41	头矢状弧	305	320	325	350	372	380	395
42	耳屏间弧（头冠状弧）	321	334	340	360	380	386	397
43	头高	202	210	217	231	249	253	260
手部测量项目 单位：mm								
44	手长	165	171	174	184	195	198	204
45	手宽	78	81	82	88	94	96	100

（续表）

测量项目		百分位数						
		P1	P5	P10	P50	P90	P95	P99
46	食指长	62	65	67	72	77	79	82
47	食指近位宽	18	18	19	20	22	23	23
48	食指远位宽	15	16	17	18	20	20	21
49	掌围	182	190	193	206	220	225	234
足部测量项目　单位：mm								
50	足长	224	232	236	250	264	269	278
51	足宽	85	89	91	98	104	106	110
52	足围	218	226	231	247	263	268	278

表 2　18 岁～ 25 岁成年男性静态人体尺寸百分位数

测量项目		百分位数						
		P1	P5	P10	P50	P90	P95	P99
1	体重 /kg	45	50	53	64	80	86	101
立姿测量项目　单位：mm								
2	身高	1572	1616	1640	1720	1807	1837	1887
3	眼高	1448	1493	1516	1596	1681	1709	1761
4	肩高	1258	1297	1317	1389	1471	1496	1546
5	肘高	948	977	992	1052	1119	1140	1176
6	手功能高	666	695	709	761	818	836	870
7	会阴高	650	682	700	754	813	833	873
8	胫骨点高	395	412	421	452	488	498	525
9	上臂长	278	293	297	318	340	347	361

（续表）

测量项目		百分位数						
		P1	P5	P10	P50	P90	P95	P99
10	前臂长	202	217	222	242	260	267	275
11	大腿长	412	434	444	479	515	526	547
12	小腿长	328	345	353	382	415	425	450
13	肩最大宽	398	412	420	448	480	491	513
14	肩宽	344	359	366	391	416	425	442
15	胸宽	230	248	258	291	325	335	358
16	臀宽	287	297	303	325	354	363	382
17	胸厚	166	175	181	203	231	242	262
18	上臂围	220	236	244	279	321	335	365
19	胸围	745	783	804	878	988	1029	1118
20	腰围	624	657	678	763	905	948	1052
21	臀围	801	834	850	921	1009	1038	1111
22	大腿围	429	458	473	537	609	632	679
坐姿测量项目 单位：mm								
23	坐高	852	881	895	936	982	994	1025
24	坐姿颈椎点高	603	632	640	679	718	729	751
25	坐姿眼高	726	758	769	812	853	869	894
26	坐姿肩高	545	567	574	614	654	668	688
27	坐姿肘高	207	227	235	271	303	314	336
28	坐姿大腿厚	116	123	130	148	173	177	191
29	坐姿膝高	450	471	479	511	547	558	581
30	坐姿腘高	368	385	395	422	452	461	478
31	坐姿两肘间宽	337	359	372	418	488	508	565
32	坐姿臀宽	288	303	310	340	375	386	413
33	坐姿臀-腘距	410	430	441	477	515	526	542
34	坐姿臀-膝距	511	530	540	573	611	624	647

（续表）

	测量项目	百分位数						
		P1	P5	P10	P50	P90	P95	P99
35	坐姿下肢长	851	891	909	975	1044	1065	1116

头部测量项目 单位：mm

	测量项目	P1	P5	P10	P50	P90	P95	P99
36	头宽	145	150	152	160	169	172	177
37	头长	170	175	178	187	197	200	204
38	形态面长	104	108	110	118	127	132	142
39	瞳孔间距	53	55	57	61	67	68	71
40	头围	533	546	553	572	595	600	621
41	头矢状弧	309	322	330	353	379	385	400
42	耳屏间弧（头冠状弧）	334	344	350	368	386	392	404
43	头高	206	217	220	235	249	253	260

手部测量项目 单位：mm

	测量项目	P1	P5	P10	P50	P90	P95	P99
44	手长	165	171	174	185	196	199	205
45	手宽	77	80	81	87	93	96	99
46	食指长	62	65	67	72	78	79	82
47	食指近位宽	17	18	18	20	21	22	23
48	食指远位宽	15	16	16	17	19	19	20
49	掌围	178	186	190	202	216	220	229

足部测量项目 单位：mm

	测量项目	P1	P5	P10	P50	P90	P95	P99
50	足长	227	234	238	252	267	271	282
51	足宽	84	88	90	96	103	105	109
52	足围	214	223	227	242	259	264	274

表 3　26 岁～ 35 岁成年男性静态人体尺寸百分位数

测量项目		百分位数						
		P1	P5	P10	P50	P90	P95	P99
1	体重 /kg	48	53	56	69	86	92	105
立姿测量项目　单位：mm								
2	身高	1556	1607	1629	1706	1789	1813	1865
3	眼高	1435	1488	1508	1584	1666	1691	1739
4	肩高	1251	1295	1315	1384	1461	1482	1536
5	肘高	942	974	988	1046	1110	1128	1168
6	手功能高	669	698	710	762	813	829	862
7	会阴高	638	667	680	735	792	814	848
8	胫骨点高	393	411	419	449	480	490	509
9	上臂长	275	289	296	318	340	347	358
10	前臂长	199	212	217	238	256	264	275
11	大腿长	404	427	436	472	508	519	537
12	小腿长	325	342	349	378	407	416	432
13	肩最大宽	403	418	425	454	487	497	514
14	肩宽	345	359	366	391	417	424	438
15	胸宽	239	259	268	301	334	343	363
16	臀宽	291	302	310	334	362	372	387
17	胸厚	172	184	190	214	244	252	273
18	上臂围	232	249	259	297	336	348	376
19	胸围	771	808	831	924	1038	1075	1140
20	腰围	648	691	715	840	978	1021	1108
21	臀围	815	850	867	945	1033	1062	1122
22	大腿围	439	469	488	552	618	640	680
坐姿测量项目　单位：mm								
23	坐高	845	877	888	932	975	989	1014
24	坐姿颈椎点高	610	632	643	679	719	729	751
25	坐姿眼高	726	755	766	809	852	866	888

（续表）

测量项目	百分位数						
	P1	P5	P10	P50	P90	P95	P99
26 坐姿肩高	549	570	578	617	657	668	690
27 坐姿肘高	213	231	238	271	307	318	336
28 坐姿大腿厚	116	126	133	152	177	181	195
29 坐姿膝高	450	468	478	508	540	550	570
30 坐姿腘高	363	381	389	416	443	452	469
31 坐姿两肘间宽	355	378	392	443	505	528	569
32 坐姿臀宽	292	310	318	348	382	392	413
33 坐姿臀－腘距	408	429	441	476	510	522	542
34 坐姿臀－膝距	511	531	540	572	606	617	638
35 坐姿下肢长	841	885	903	966	1034	1054	1098

头部测量项目 单位：mm

测量项目	P1	P5	P10	P50	P90	P95	P99
36 头宽	145	149	152	160	169	172	177
37 头长	170	175	178	187	197	200	205
38 形态面长	103	108	110	119	128	130	138
39 瞳孔间距	53	56	57	61	66	68	70
40 头围	535	547	553	574	596	603	625
41 头矢状弧	309	320	328	350	374	382	397
42 耳屏间弧（头冠状弧）	333	342	347	365	384	390	398
43 头高	202	213	217	235	249	253	261

手部测量项目 单位：mm

测量项目	P1	P5	P10	P50	P90	P95	P99
44 手长	166	172	174	185	195	198	204
45 手宽	78	81	83	89	94	96	100
46 食指长	63	65	67	72	77	78	82
47 食指近位宽	18	18	19	20	22	22	23
48 食指远位宽	15	16	16	18	19	20	21

（续表）

测量项目		百分位数						
		P1	P5	P10	P50	P90	P95	P99
49	掌围	182	189	193	205	219	223	232
足部测量项目　单位：mm								
50	足长	225	234	237	251	266	270	279
51	足宽	86	89	91	97	104	106	110
52	足围	218	227	231	246	262	267	277

表 4　36 岁～ 60 岁成年男性静态人体尺寸百分位数

测量项目		百分位数						
		P1	P5	P10	P50	P90	P95	P99
1	体重 /kg	47	53	56	69	83	88	98
立姿测量项目　单位：mm								
2	身高	1518	1567	1592	1670	1750	1773	1818
3	眼高	1406	1453	1476	1552	1630	1652	1695
4	肩高	1226	1271	1293	1363	1439	1460	1497
5	肘高	913	950	967	1029	1091	1110	1141
6	手功能高	646	675	691	743	800	815	843
7	会阴高	623	650	663	718	775	792	824
8	胫骨点高	388	403	411	441	473	481	500
9	上臂长	275	289	296	318	339	343	356
10	前臂长	198	209	213	234	253	259	270
11	大腿长	400	420	431	464	500	510	530
12	小腿长	319	334	342	371	401	409	426
13	肩最大宽	397	414	422	449	479	489	508

（续表）

测量项目	百分位数						
	P1	P5	P10	P50	P90	P95	P99
14 肩宽	337	353	359	383	408	415	428
15 胸宽	238	258	269	301	331	339	354
16 臀宽	294	306	313	336	359	366	380
17 胸厚	181	193	199	223	249	256	271
18 上臂围	234	256	266	300	334	344	368
19 胸围	786	827	851	944	1038	1068	1122
20 腰围	662	715	747	881	1001	1031	1104
21 臀围	817	851	871	943	1016	1039	1087
22 大腿围	429	462	478	535	593	610	642
坐姿测量项目　单位：mm							
23 坐高	824	852	866	910	957	968	989
24 坐姿颈椎点高	599	621	632	672	711	722	740
25 坐姿眼高	708	736	748	794	838	849	871
26 坐姿肩高	534	560	570	610	650	664	683
27 坐姿肘高	199	217	228	267	303	314	336
28 坐姿大腿厚	112	123	130	148	170	173	184
29 坐姿膝高	442	460	468	500	531	540	558
30 坐姿腘高	359	376	384	410	437	445	463
31 坐姿两肘间宽	366	390	404	454	509	527	563
32 坐姿臀宽	293	310	319	348	379	388	408
33 坐姿臀－腘距	407	427	437	469	502	513	533
34 坐姿臀－膝距	507	522	532	563	596	605	624
35 坐姿下肢长	824	868	886	948	1012	1031	1066
36 头宽	141	146	148	157	166	169	174
37 头长	170	176	178	188	197	200	205

（续表）

测量项目		百分位数						
		P1	P5	P10	P50	P90	P95	P99
头部测量项目 单位：mm								
38	形态面长	105	109	111	120	130	134	144
39	瞳孔间距	52	55	56	61	66	68	72
40	头围	530	543	549	570	590	597	614
41	头矢状弧	305	319	325	347	370	377	391
42	耳屏间弧（头冠状弧）	319	330	337	355	375	381	392
43	头高	199	209	213	231	246	253	260
手部测量项目 单位：mm								
44	手长	165	170	174	184	194	197	203
45	手宽	78	81	83	89	95	96	100
46	食指长	62	65	66	72	77	78	81
47	食指近位宽	18	19	19	21	22	23	24
48	食指远位宽	16	17	17	19	20	20	21
49	掌围	185	192	196	209	222	226	236
足部测量项目 单位：mm								
50	足长	223	231	235	249	263	267	275
51	足宽	85	90	92	98	105	107	111
52	足围	220	228	233	248	264	269	278

表5　61岁~70岁成年男性静态人体尺寸百分位数

测量项目		百分位数						
		P1	P5	P10	P50	P90	P95	P99
1	体重 /kg	45	51	54	65	80	83	93
立姿测量项目　单位：mm								
2	身高	1483	1545	1574	1652	1726	1751	1800
3	眼高	1400	1445	1464	1539	1610	1638	1686
4	肩高	1229	1265	1284	1353	1424	1451	1497
5	肘高	899	937	952	1015	1076	1097	1142
6	手功能高	626	657	676	729	784	804	838
7	会阴高	624	644	657	714	771	789	819
8	胫骨点高	383	399	409	439	469	477	500
9	上臂长	275	285	293	316	339	343	358
10	前臂长	197	209	213	234	253	258	270
11	大腿长	403	424	432	464	501	513	535
12	小腿长	312	329	341	369	398	405	425
13	肩最大宽	389	404	412	440	467	475	493
14	肩宽	333	345	351	375	399	408	419
15	胸宽	231	244	254	295	322	330	348
16	臀宽	297	306	312	334	357	363	376
17	胸厚	185	196	203	226	252	260	277
18	上臂围	230	249	258	292	325	334	352
19	胸围	784	828	850	941	1035	1061	1110
20	腰围	672	719	756	879	1003	1035	1096
21	臀围	811	842	861	932	1003	1029	1087
22	大腿围	415	450	462	517	571	585	621
坐姿测量项目　单位：mm								
23	坐高	798	831	845	892	935	946	969

（续表）

测量项目		百分位数						
		P1	P5	P10	P50	P90	P95	P99
24	坐姿颈椎点高	585	611	621	661	700	711	733
25	坐姿眼高	679	715	729	776	820	830	852
26	坐姿肩高	520	538	556	599	639	650	675
27	坐姿肘高	180	202	213	253	289	300	329
28	坐姿大腿厚	108	119	123	141	162	166	173
29	坐姿膝高	438	456	466	496	527	536	561
30	坐姿腘高	358	374	383	406	434	442	462
31	坐姿两肘间宽	360	381	397	450	504	525	563
32	坐姿臀宽	292	306	317	347	378	385	402
33	坐姿臀－腘距	403	422	435	468	502	513	536
34	坐姿臀－膝距	507	522	531	562	593	603	627
35	坐姿下肢长	800	854	877	941	1002	1029	1067
头部测量项目 单位：mm								
36	头宽	140	145	146	155	163	166	170
37	头长	170	176	178	188	197	201	210
38	形态面长	104	109	112	121	133	139	153
39	瞳孔间距	52	54	56	60	65	67	72
40	头围	525	538	544	565	585	590	605
41	头矢状弧	295	313	320	343	365	372	382
42	耳屏间弧（头冠状弧）	316	328	333	351	370	375	386
43	头高	199	209	213	231	249	253	260
手部测量项目 单位：mm								
44	手长	163	170	173	183	194	197	204
45	手宽	77	80	82	88	94	96	100

（续表）

测量项目		百分位数						
		P1	P5	P10	P50	P90	P95	P99
46	食指长	61	64	66	72	77	79	82
47	食指近位宽	18	19	19	21	22	23	24
48	食指远位宽	16	17	17	19	20	21	22
49	掌围	184	193	196	210	221	226	233
足部测量项目　单位：mm								
50	足长	220	230	235	249	263	266	273
51	足宽	82	89	92	99	106	107	112
52	足围	219	227	231	248	263	268	280

表6　18岁～70岁成年女性静态人体尺寸百分位数

测量项目		百分位数						
		P1	P5	P10	P50	P90	P95	P99
1	体重/kg	41	45	47	57	70	75	84
立姿测量项目　单位：mm								
2	身高	1440	1479	1500	1572	1650	1673	1725
3	眼高	1328	1366	1384	1455	1531	1554	1601
4	肩高	1161	1195	1212	1276	1345	1366	1411
5	肘高	867	895	910	963	1019	1035	1070
6	手功能高	617	644	658	705	753	767	797
7	会阴高	618	641	653	699	749	765	798
8	胫骨点高	358	373	381	409	440	449	468
9	上臂长	256	267	271	292	311	318	332
10	前臂长	188	195	202	219	238	245	256
11	大腿长	375	395	406	441	476	487	508
12	小腿长	297	311	318	345	375	384	401

（续表）

测量项目		百分位数						
		P1	P5	P10	P50	P90	P95	P99
13	肩最大宽	366	377	384	409	440	450	470
14	肩宽	308	323	330	354	377	383	395
15	胸宽	233	247	255	283	312	319	335
16	臀宽	281	293	299	323	349	358	375
17	胸厚	168	180	186	212	240	248	265
18	上臂围	216	235	246	290	332	344	372
19	胸围	746	783	804	895	1009	1042	1109
20	腰围	599	639	663	781	923	964	1047
21	臀围	802	837	854	921	1009	1040	1111
22	大腿围	443	470	485	536	595	617	661
坐姿测量项目　单位：mm								
23	坐高	780	805	820	863	906	921	943
24	坐姿颈椎点高	563	581	592	628	664	675	697
25	坐姿眼高	665	690	704	745	787	798	823
26	坐姿肩高	500	521	531	570	607	617	636
27	坐姿肘高	188	209	220	253	289	296	314
28	坐姿大腿厚	108	119	123	137	155	163	173
29	坐姿膝高	418	433	440	469	501	511	531
30	坐姿腘高	341	351	356	380	408	418	439
31	坐姿两肘间宽	317	338	352	410	474	491	529
32	坐姿臀宽	293	308	317	348	382	393	414
33	坐姿臀-腘距	396	416	426	459	492	503	524
34	坐姿臀-膝距	489	506	514	544	577	588	607
35	坐姿下肢长	792	833	849	904	960	977	1015

测量项目		百分位数						
		P1	P5	P10	P50	P90	P95	P99
头部测量项目 单位：mm								
36	头宽	137	141	143	151	159	162	168
37	头长	162	167	170	178	187	189	194
38	形态面长	96	100	102	110	119	122	130
39	瞳孔间距	50	52	54	58	64	66	71
40	头围	517	528	533	552	571	577	591
41	头矢状弧	280	303	311	335	360	367	381
42	耳屏间弧（头冠状弧）	313	324	330	349	369	375	385
43	头高	199	206	213	227	242	246	253
手部测量项目 单位：mm								
44	手长	153	158	160	170	179	182	188
45	手宽	70	73	74	80	85	87	90
46	食指长	59	62	63	68	73	74	77
47	食指近位宽	16	17	17	19	20	21	21
48	食指远位宽	14	15	15	17	18	18	19
49	掌围	163	169	172	185	197	201	211
足部测量项目 单位：mm								
50	足长	208	215	218	230	243	247	256
51	足宽	77	82	83	90	96	98	102
52	足围	200	207	211	225	240	245	254

表7 18岁~25岁成年女性静态人体尺寸百分位数

测量项目		百分位数						
		P1	P5	P10	P50	P90	P95	P99
1	体重 /kg	39	42	44	52	62	68	81
立姿测量项目　单位：mm								
2	身高	1465	1512	1528	1599	1677	1700	1776
3	眼高	1352	1395	1413	1480	1559	1586	1649
4	肩高	1176	1212	1230	1292	1367	1390	1451
5	肘高	883	914	928	978	1035	1052	1099
6	手功能高	636	658	671	715	765	778	815
7	会阴高	631	656	670	717	771	788	842
8	胫骨点高	365	382	389	418	450	459	480
9	上臂长	256	267	274	293	314	321	336
10	前臂长	191	199	206	223	242	248	256
11	大腿长	381	398	410	444	481	493	513
12	小腿长	304	319	327	354	384	394	414
13	肩最大宽	361	372	378	400	426	437	459
14	肩宽	308	323	330	354	378	384	397
15	胸宽	228	238	246	273	301	312	333
16	臀宽	273	286	291	314	339	349	369
17	胸厚	162	171	177	197	222	232	249
18	上臂围	205	220	228	259	298	313	348
19	胸围	730	759	776	837	924	956	1058
20	腰围	573	605	622	690	788	838	959
21	臀围	791	822	839	897	969	997	1068
22	大腿围	443	469	480	528	588	611	663
坐姿测量项目　单位：mm								
23	坐高	805	830	841	881	921	933	957
24	坐姿颈椎点高	570	589	599	635	668	680	704

（续表）

测量项目		百分位数						
		P1	P5	P10	P50	P90	P95	P99
25	坐姿眼高	689	708	719	758	795	809	831
26	坐姿肩高	513	531	539	574	610	621	643
27	坐姿肘高	199	220	227	256	292	300	318
28	坐姿大腿厚	105	116	119	137	155	162	173
29	坐姿膝高	424	439	448	478	511	520	542
30	坐姿腘高	348	357	363	389	418	427	449
31	坐姿两肘间宽	300	321	330	369	426	448	507
32	坐姿臀宽	285	303	311	339	372	381	403
33	坐姿臀－腘距	393	416	427	461	495	506	536
34	坐姿臀－膝距	489	508	516	547	582	592	621
35	坐姿下肢长	813	848	861	918	977	995	1043
头部测量项目 单位：mm								
36	头宽	140	144	146	154	162	164	170
37	头长	161	166	169	177	185	188	192
38	形态面长	95	99	102	109	117	119	127
39	瞳孔间距	50	52	54	59	64	66	71
40	头围	520	531	536	554	574	579	590
41	头矢状弧	289	305	312	337	362	370	383
42	耳屏间弧（头冠状弧）	320	330	336	355	375	380	390
43	头高	202	209	213	228	242	246	253
手部测量项目 单位：mm								
44	手长	152	157	159	169	178	181	188
45	手宽	68	71	72	77	82	84	87
46	食指长	59	62	63	68	72	74	77
47	食指近位宽	15	16	16	18	19	20	20

（续表）

测量项目		百分位数						
		P1	P5	P10	P50	P90	P95	P99
48	食指远位宽	13	14	14	16	17	17	18
49	掌围	158	164	167	178	190	193	200
	足部测量项目　单位：mm							
50	足长	208	214	217	230	243	248	260
51	足宽	76	80	81	87	94	96	101
52	足围	197	204	207	220	235	239	251

表8　26岁～35岁成年女性静态人体尺寸百分位数

测量项目		百分位数						
		P1	P5	P10	P50	P90	P95	P99
1	体重/kg	41	44	46	54	68	72	85
	立姿测量项目　单位：mm							
2	身高	1458	1499	1520	1588	1658	1684	1737
3	眼高	1351	1384	1403	1469	1541	1563	1609
4	肩高	1180	1210	1226	1286	1350	1374	1421
5	肘高	882	908	925	973	1025	1041	1076
6	手功能高	634	658	670	715	760	773	803
7	会阴高	627	649	659	703	752	768	803
8	胫骨点高	366	379	386	413	443	450	472
9	上臂长	260	267	274	292	314	319	333
10	前臂长	191	199	202	220	241	248	260
11	大腿长	380	396	408	441	477	487	510
12	小腿长	301	315	322	348	376	385	403
13	肩最大宽	366	376	383	406	437	448	471
14	肩宽	307	324	332	355	377	383	395
15	胸宽	234	247	254	281	310	320	335

（续表）

测量项目		百分位数						
		P1	P5	P10	P50	P90	P95	P99
16	臀宽	282	292	298	320	347	356	371
17	胸厚	164	176	181	204	231	241	261
18	上臂围	216	230	239	275	322	336	367
19	胸围	747	780	792	868	978	1015	1095
20	腰围	601	633	651	735	876	924	1027
21	臀围	801	835	849	912	999	1030	1110
22	大腿围	450	473	486	535	600	622	673
坐姿测量项目　单位：mm								
23	坐高	805	827	838	877	913	928	950
24	坐姿颈椎点高	571	589	599	635	668	679	701
25	坐姿眼高	684	708	715	755	791	805	827
26	坐姿肩高	515	534	542	576	610	621	643
27	坐姿肘高	206	220	228	260	289	300	318
28	坐姿大腿厚	112	116	123	137	159	163	177
29	坐姿膝高	420	436	445	472	502	512	534
30	坐姿腘高	346	354	360	386	415	426	449
31	坐姿两肘间宽	314	332	344	391	455	475	511
32	坐姿臀宽	290	306	315	347	381	391	414
33	坐姿臀－腘距	395	416	426	461	494	504	531
34	坐姿臀－膝距	496	511	518	546	579	590	612
35	坐姿下肢长	807	841	858	911	965	986	1026
头部测量项目　单位：mm								
36	头宽	136	142	144	152	160	163	168
37	头长	162	166	169	177	186	188	193
38	形态面长	96	100	102	109	117	120	125
39	瞳孔间距	51	53	54	59	64	66	70

（续表）

测量项目		百分位数						
		P1	P5	P10	P50	P90	P95	P99
40	头围	521	531	535	553	573	579	597
41	头矢状弧	291	306	312	335	360	366	380
42	耳屏间弧（头冠状弧）	318	328	334	353	372	377	388
43	头高	199	209	213	228	242	246	253
手部测量项目　单位：mm								
44	手长	153	157	160	169	179	182	187
45	手宽	70	73	74	79	85	86	89
46	食指长	59	61	63	67	72	74	77
47	食指近位宽	16	17	17	18	20	20	21
48	食指远位宽	14	15	15	16	18	18	18
49	掌围	160	167	170	181	193	197	206
足部测量项目　单位：mm								
50	足长	208	214	218	229	242	246	254
51	足宽	76	81	83	89	94	97	101
52	足围	199	206	210	224	238	241	249

表9　36岁～60岁成年女性静态人体尺寸百分位数

测量项目		百分位数						
		P1	P5	P10	P50	P90	P95	P99
1	体重 /kg	42	46	49	59	71	76	85
立姿测量项目　单位：mm								
2	身高	1438	1475	1496	1564	1639	1660	1710
3	眼高	1328	1362	1380	1448	1518	1540	1583
4	肩高	1162	1193	1211	1273	1338	1358	1393

（续表）

测量项目		百分位数						
		P1	P5	P10	P50	P90	P95	P99
5	肘高	868	894	908	959	1013	1029	1059
6	手功能高	617	644	657	702	749	761	789
7	会阴高	617	638	650	694	741	756	784
8	胫骨点高	357	371	379	407	436	445	461
9	上臂长	256	267	271	292	311	318	332
10	前臂长	184	195	199	217	235	242	256
11	大腿长	372	395	405	440	475	486	506
12	小腿长	296	309	316	343	371	380	396
13	肩最大宽	368	381	388	413	443	453	471
14	肩宽	310	324	331	354	377	384	396
15	胸宽	236	252	260	287	314	321	336
16	臀宽	286	297	303	326	351	360	377
17	胸厚	177	187	194	216	242	251	266
18	上臂围	234	253	264	300	335	347	375
19	胸围	760	804	828	917	1018	1049	1110
20	腰围	621	672	699	810	933	973	1051
21	臀围	809	845	863	930	1014	1044	1114
22	大腿围	445	474	490	540	598	618	658
坐姿测量项目　单位：mm								
23	坐高	780	805	816	859	903	913	933
24	坐姿颈椎点高	563	581	592	628	664	675	693
25	坐姿眼高	668	690	700	744	783	794	816
26	坐姿肩高	502	520	531	568	603	614	635
27	坐姿肘高	191	210	220	253	289	296	314
28	坐姿大腿厚	108	119	123	141	159	163	173
29	坐姿膝高	417	431	439	466	497	507	527
30	坐姿腘高	339	349	355	377	404	413	429
31	坐姿两肘间宽	333	358	371	423	480	496	533

（续表）

测量项目	百分位数						
	P1	P5	P10	P50	P90	P95	P99
32 坐姿臀宽	295	311	320	351	385	395	415
33 坐姿臀－腘距	396	416	426	459	492	502	521
34 坐姿臀－膝距	487	504	513	543	576	585	604
35 坐姿下肢长	789	830	846	900	954	970	1006
头部测量项目 单位：mm							
36 头宽	137	141	143	150	158	161	168
37 头长	162	167	170	179	187	190	194
38 形态面长	97	101	103	110	119	122	131
39 瞳孔间距	50	52	54	58	64	66	71
40 头围	516	527	532	550	570	576	590
41 头矢状弧	275	301	310	334	358	367	381
42 耳屏间弧（头冠状弧）	312	323	328	347	365	372	384
43 头高	195	206	213	227	242	246	253
手部测量项目 单位：mm							
44 手长	153	158	161	170	179	182	188
45 手宽	71	74	75	80	86	87	90
46 食指长	59	62	63	68	73	74	77
47 食指近位宽	16	17	17	19	20	21	21
48 食指远位宽	14	15	15	17	18	19	19
49 掌围	166	172	175	187	198	202	212
足部测量项目 单位：mm							
50 足长	208	215	218	230	243	247	255
51 足宽	79	83	85	90	97	99	103
52 足围	202	210	213	227	241	246	255

表10 61岁～70岁成年女性静态人体尺寸百分位数

测量项目		百分位数						
		P1	P5	P10	P50	P90	P95	P99
1	体重 /kg	39	45	47	59	71	76	83
立姿测量项目　单位：mm								
2	身高	1415	1450	1472	1541	1614	1639	1683
3	眼高	1305	1339	1357	1425	1498	1520	1557
4	肩高	1144	1171	1189	1252	1316	1338	1371
5	肘高	849	871	885	939	994	1010	1041
6	手功能高	596	623	633	682	730	745	777
7	会阴高	611	631	644	689	738	751	782
8	胫骨点高	351	366	374	403	433	442	457
9	上臂长	253	264	271	289	311	318	329
10	前臂长	184	195	199	217	235	241	252
11	大腿长	365	389	401	437	474	483	501
12	小腿长	288	305	312	338	368	378	392
13	肩最大宽	363	377	383	409	439	448	471
14	肩宽	304	317	324	349	371	378	391
15	胸宽	232	247	254	284	311	319	335
16	臀宽	282	294	301	324	351	360	378
17	胸厚	178	191	197	221	247	254	275
18	上臂围	230	253	264	300	340	351	385
19	胸围	747	807	836	943	1043	1080	1136
20	腰围	628	693	733	851	977	1015	1085
21	臀围	802	838	858	933	1036	1070	1149
22	大腿围	424	454	470	525	587	610	640
坐姿测量项目　单位：mm								
23	坐高	755	780	794	841	881	892	914
24	坐姿颈椎点高	542	563	575	614	650	661	686

（续表）

测量项目	百分位数						
	P1	P5	P10	P50	P90	P95	P99
25 坐姿眼高	643	672	682	726	762	776	798
26 坐姿肩高	484	502	513	550	589	596	615
27 坐姿肘高	170	191	202	238	271	282	303
28 坐姿大腿厚	108	112	119	134	152	155	166
29 坐姿膝高	416	429	435	463	492	501	519
30 坐姿腘高	341	349	353	374	400	409	425
31 坐姿两肘间宽	336	364	379	428	488	502	535
32 坐姿臀宽	299	309	317	348	385	393	424
33 坐姿臀－腘距	400	415	423	456	489	500	515
34 坐姿臀－膝距	488	501	509	540	572	585	603
35 坐姿下肢长	779	817	836	893	947	961	994

头部测量项目 单位：mm

测量项目	P1	P5	P10	P50	P90	P95	P99
36 头宽	136	140	142	149	157	160	167
37 头长	163	169	172	180	188	191	196
38 形态面长	96	101	103	111	121	123	130
39 瞳孔间距	50	52	53	58	63	65	68
40 头围	514	525	529	548	568	573	583
41 头矢状弧	282	304	312	335	360	368	380
42 耳屏间弧（头冠状弧）	310	320	325	342	361	367	380
43 头高	199	206	210	228	242	246	253

手部测量项目 单位：mm

测量项目	P1	P5	P10	P50	P90	P95	P99
44 手长	152	158	161	170	179	182	189
45 手宽	71	74	75	81	86	88	91
46 食指长	60	62	63	68	73	74	77
47 食指近位宽	16	17	18	19	21	21	22

（续表）

	测量项目	百分位数						
		P1	P5	P10	P50	P90	P95	P99
48	食指远位宽	15	16	16	17	19	19	20
49	掌围	171	175	179	189	200	205	213
足部测量项目 单位：mm								
50	足长	209	215	218	231	242	246	256
51	足宽	79	83	85	91	98	100	105
52	足围	202	210	214	227	243	248	261

表 B.1 18岁～70岁成年男性工作空间设计用功能尺寸百分位数

单位：mm

测量项目		百分位数						
		P1	P5	P10	P50	P90	P95	P99
1	上肢前伸长	729	760	774	822	873	888	920
2	上肢功能前伸长	628	654	667	710	758	774	808
3	前臂加手前伸长	403	418	425	451	478	486	501
4	前臂加手功能前伸长	291	308	316	340	365	374	398
5	两臂展开宽	1547	1594	1619	1698	1781	1806	1864
6	两臂功能展开宽	1327	1378	1401	1475	1556	1582	1638
7	两肘展开宽	804	827	839	878	918	931	959
8	中指指尖点上举高	1868	1948	1986	2104	2228	2266	2338
9	双臂功能上举高	1764	1845	1880	1993	2113	2150	2222
10	坐姿中指指尖点上举高	1188	1242	1267	1348	1432	1456	1508
11	直立跪姿体长	581	612	628	679	732	749	786
12	直立跪姿体高	1166	1200	1217	1274	1332	1351	1391
13	俯卧姿体长	1922	1982	2014	2115	2220	2253	2326
14	俯卧姿体高	343	351	355	374	397	404	422
15	爬姿体长	1128	1161	1178	1233	1290	1308	1347
16	爬姿体高	743	765	776	813	852	864	891

表 B.2 18 岁～25 岁成年男性工作空间设计用功能尺寸百分位数

单位：mm

测量项目		百分位数						
		P1	P5	P10	P50	P90	P95	P99
1	上肢前伸长	732	760	773	823	877	892	932
2	上肢功能前伸长	630	654	665	710	763	779	819
3	前臂加手前伸长	405	421	428	455	483	492	508
4	前臂加手功能前伸长	289	310	318	344	372	381	411
5	两臂展开宽	1588	1631	1654	1730	1813	1842	1890
6	两臂功能展开宽	1369	1413	1433	1507	1586	1614	1685
7	两肘展开宽	824	845	856	893	934	948	972
8	中指指尖点上举高	1916	1989	2025	2141	2271	2308	2383
9	双臂功能上举高	1808	1881	1920	2031	2154	2191	2271
10	坐姿中指指尖点上举高	1212	1263	1286	1369	1456	1481	1530
11	直立跪姿体长	608	635	650	699	753	772	802
12	直立跪姿体高	1196	1226	1242	1296	1355	1376	1410
13	俯卧姿体长	1975	2029	2058	2155	2261	2298	2359
14	俯卧姿体高	341	349	352	369	392	401	422
15	爬姿体长	1157	1186	1202	1255	1312	1332	1365
16	爬姿体高	762	782	792	828	867	880	903

表 B.3 26 岁～35 岁成年男性工作空间设计用功能尺寸百分位数

单位：mm

测量项目		百分位数						
		P1	P5	P10	P50	P90	P95	P99
1	上肢前伸长	728	760	774	821	872	886	915
2	上肢功能前伸长	626	654	667	709	755	768	796
3	前臂加手前伸长	404	419	427	453	480	488	504
4	前臂加手功能前伸长	293	311	318	341	366	375	391
5	两臂展开宽	1573	1622	1643	1717	1796	1819	1868
6	两臂功能展开宽	1361	1404	1423	1491	1566	1589	1637
7	两肘展开宽	817	841	851	887	926	937	961
8	中指指尖点上举高	1894	1975	2009	2124	2250	2282	2345
9	双臂功能上举高	1795	1869	1901	2012	2131	2166	2219
10	坐姿中指指尖点上举高	1200	1253	1278	1360	1441	1469	1518
11	直立跪姿体长	598	630	643	691	742	757	789
12	直立跪姿体高	1185	1219	1234	1287	1343	1359	1395
13	俯卧姿体长	1956	2018	2045	2138	2239	2268	2332
14	俯卧姿体高	345	352	357	376	401	409	428
15	爬姿体长	1147	1180	1195	1246	1300	1316	1351
16	爬姿体高	755	778	788	822	859	870	893

表 B.4 36 岁～60 岁成年男性工作空间设计用功能尺寸百分位数

单位：mm

测量项目		百分位数						
		P1	P5	P10	P50	P90	P95	P99
1	上肢前伸长	727	759	773	822	870	886	914
2	上肢功能前伸长	625	653	667	711	756	773	803
3	前臂加手前伸长	402	416	423	449	474	481	495
4	前臂加手功能前伸长	290	307	315	338	362	370	394
5	两臂展开宽	1537	1584	1608	1682	1759	1781	1824
6	两臂功能展开宽	1320	1368	1391	1463	1534	1556	1613
7	两肘展开宽	799	822	834	870	907	918	939
8	中指指尖点上举高	1860	1936	1975	2088	2201	2235	2295
9	双臂功能上举高	1760	1831	1868	1978	2086	2117	2179
10	坐姿中指指尖点上举高	1185	1238	1262	1339	1417	1441	1484
11	直立跪姿体长	575	605	620	668	718	732	760
12	直立跪姿体高	1159	1192	1209	1262	1317	1332	1363
13	俯卧姿体长	1909	1969	2000	2094	2192	2220	2275
14	俯卧姿体高	344	352	357	376	397	404	419
15	爬姿体长	1121	1154	1170	1222	1275	1290	1320
16	爬姿体高	738	760	771	806	842	852	872

表 B.5　61 岁～70 岁成年男性工作空间设计用功能尺寸百分位数

单位：mm

测量项目		百分位数						
		P1	P5	P10	P50	P90	P95	P99
1	上肢前伸长	723	758	775	825	879	898	927
2	上肢功能前伸长	624	656	671	715	767	789	821
3	前臂加手前伸长	403	417	424	450	475	483	498
4	前臂加手功能前伸长	289	304	314	338	367	376	415
5	两臂展开宽	1504	1563	1591	1665	1736	1759	1806
6	两臂功能展开宽	1302	1346	1370	1443	1518	1545	1607
7	两肘展开宽	783	812	825	862	896	908	931
8	中指指尖点上举高	1815	1905	1944	2063	2174	2212	2283
9	双臂功能上举高	1728	1801	1839	1953	2061	2100	2175
10	坐姿中指指尖点上举高	1144	1209	1236	1317	1396	1411	1474
11	直立跪姿体长	553	591	609	657	703	718	748
12	直立跪姿体高	1136	1177	1197	1250	1300	1317	1350
13	俯卧姿体长	1867	1942	1978	2073	2163	2193	2252
14	俯卧姿体高	341	349	354	371	391	397	411
15	爬姿体长	1099	1139	1158	1210	1259	1275	1308
16	爬姿体高	723	750	763	798	831	842	864

表 B.6　18 岁～70 岁成年女性工作空间设计用功能尺寸百分位数

单位：mm

测量项目		百分位数						
		P1	P5	P10	P50	P90	P95	P99
1	上肢前伸长	640	693	709	755	805	820	856
2	上肢功能前伸长	535	595	609	653	700	715	751
3	前臂加手前伸长	372	386	393	416	441	448	461
4	前臂加手功能前伸长	269	284	291	313	338	346	365
5	两臂展开宽	1435	1472	1491	1560	1633	1655	1704
6	两臂功能展开宽	1231	1267	1287	1354	1428	1452	1509
7	两肘展开宽	753	770	780	813	848	859	882
8	中指指尖点上举高	1740	1808	1836	1939	2046	2081	2152
9	双臂功能上举高	1643	1709	1737	1836	1942	1974	2047
10	坐姿中指指尖点上举高	1081	1137	1159	1234	1307	1329	1372
11	直立跪姿体长	610	621	627	647	668	674	689
12	直立跪姿体高	1103	1131	1146	1198	1254	1271	1308
13	俯卧姿体长	1826	1872	1897	1982	2074	2101	2162
14	俯卧姿体高	347	351	353	362	375	379	388
15	爬姿体长	1097	1117	1127	1164	1203	1215	1241
16	爬姿体高	707	720	728	753	781	789	808

表 B.7 18 岁～25 岁成年女性工作空间设计用功能尺寸百分位数

单位：mm

测量项目		百分位数						
		P1	P5	P10	P50	P90	P95	P99
1	上肢前伸长	636	678	700	749	799	815	850
2	上肢功能前伸长	529	580	600	648	695	712	750
3	前臂加手前伸长	370	383	391	415	441	449	464
4	前臂加手功能前伸长	264	283	290	314	341	349	372
5	两臂展开宽	1458	1502	1518	1585	1659	1680	1752
6	两臂功能展开宽	1256	1296	1318	1385	1456	1480	1546
7	两肘展开宽	764	785	793	825	860	871	905
8	中指指尖点上举高	1766	1823	1855	1960	2070	2100	2203
9	双臂功能上举高	1665	1725	1758	1860	1966	2000	2093
10	坐姿中指指尖点上举高	1085	1143	1165	1246	1320	1341	1400
11	直立跪姿体长	617	630	634	654	676	682	703
12	直立跪姿体高	1121	1155	1166	1218	1274	1290	1345
13	俯卧姿体长	1855	1910	1930	2013	2105	2132	2222
14	俯卧姿体高	345	348	350	358	367	373	386
15	爬姿体长	1109	1133	1141	1177	1217	1228	1267
16	爬姿体高	715	732	738	763	791	799	826

表 B.8 26岁～35岁成年女性工作空间设计用功能尺寸百分位数

单位：mm

测量项目		百分位数						
		P1	P5	P10	P50	P90	P95	P99
1	上肢前伸长	635	688	704	750	797	813	848
2	上肢功能前伸长	530	590	604	648	692	707	746
3	前臂加手前伸长	372	386	392	415	439	446	457
4	前臂加手功能前伸长	270	285	291	312	336	343	365
5	两臂展开宽	1452	1491	1510	1575	1641	1666	1716
6	两臂功能展开宽	1254	1289	1305	1369	1438	1462	1511
7	两肘展开宽	761	779	789	820	852	864	888
8	中指指尖点上举高	1761	1825	1855	1950	2055	2085	2153
9	双臂功能上举高	1663	1725	1756	1848	1951	1979	2048
10	坐姿中指指尖点上举高	1088	1148	1173	1241	1310	1333	1373
11	直立跪姿体长	615	626	632	651	670	678	692
12	直立跪姿体高	1116	1146	1161	1210	1260	1279	1317
13	俯卧姿体长	1847	1895	1920	2000	2083	2114	2176
14	俯卧姿体高	347	350	352	360	373	377	389
15	爬姿体长	1106	1127	1137	1172	1207	1220	1247
16	爬姿体高	713	727	735	759	784	793	812

表 B.9 36 岁～60 岁成年女性工作空间设计用功能尺寸百分位数

单位：mm

测量项目		百分位数						
		P1	P5	P10	P50	P90	P95	P99
1	上肢前伸长	640	696	712	757	806	822	857
2	上肢功能前伸长	538	598	611	655	700	715	752
3	前臂加手前伸长	372	386	393	416	441	448	461
4	前臂加手功能前伸长	269	284	291	313	337	345	364
5	两臂展开宽	1433	1468	1488	1552	1623	1643	1690
6	两臂功能展开宽	1233	1264	1283	1346	1414	1438	1489
7	两肘展开宽	752	769	778	809	843	853	875
8	中指指尖点上举高	1733	1805	1834	1935	2040	2074	2140
9	双臂功能上举高	1639	1706	1734	1832	1934	1966	2035
10	坐姿中指指尖点上举高	1075	1134	1158	1232	1303	1326	1368
11	直立跪姿体长	610	620	626	644	665	671	685
12	直立跪姿体高	1102	1128	1143	1192	1246	1262	1298
13	俯卧姿体长	1823	1867	1892	1972	2061	2085	2144
14	俯卧姿体高	348	352	355	364	376	380	389
15	爬姿体长	1096	1115	1125	1160	1198	1208	1233
16	爬姿体高	706	719	726	751	777	785	802

表 B.10 61 岁～70 岁成年女性工作空间设计用功能尺寸百分位数

单位：mm

测量项目		百分位数						
		P1	P5	P10	P50	P90	P95	P99
1	上肢前伸长	651	708	722	769	813	833	867
2	上肢功能前伸长	559	609	624	665	709	725	763
3	前臂加手前伸长	377	388	396	420	444	451	466
4	前臂加手功能前伸长	266	285	293	316	342	352	374
5	两臂展开宽	1411	1444	1465	1530	1599	1623	1665
6	两臂功能展开宽	1199	1239	1258	1323	1395	1424	1472
7	两肘展开宽	741	757	767	799	832	843	863
8	中指指尖点上举高	1730	1782	1814	1911	2020	2048	2118
9	双臂功能上举高	1632	1681	1711	1809	1912	1942	2013
10	坐姿中指指尖点上举高	1085	1122	1144	1216	1282	1307	1349
11	直立跪姿体长	603	613	619	638	658	665	677
12	直立跪姿体高	1085	1110	1126	1176	1228	1246	1278
13	俯卧姿体长	1796	1838	1864	1945	2031	2061	2112
14	俯卧姿体高	346	351	353	364	376	380	387
15	爬姿体长	1084	1102	1113	1148	1185	1198	1220
16	爬姿体高	698	710	718	742	768	777	793

表 B.11 男性工作空间设计用功能尺寸项目推算表

尺寸项目 单位：mm	推算公式
两臂展开宽	$87.363+0.955H$
两臂功能展开宽	$11.052+0.877H$
两肘展开宽	$90.236+0.467H$
直立跪姿体长	$-361.992+0.617H$
直立跪姿体高	$128.309+0.679H$
俯卧姿体长	$62.06+1.217H$
俯卧姿体高	$275.479+1.459W$
爬姿体长	$117.958+0.661H$
爬姿体高	$61.036+0.446H$
注：H 为身高（mm）；W 为体重（kg）。	

表 B.12 女性工作空间设计用功能尺寸推算表

尺寸项目 单位：mm	推算公式
两臂展开宽	$72.468+0.946H$
两臂功能展开宽	$32.604+0.834H$
两肘展开宽	$97.372+0.455H$
直立跪姿体长	$212.689+0.276H$
直立跪姿体高	$64.719+0.721H$
俯卧姿体长	$126.542+1.18H$
俯卧姿体高	$308.342+0.949W$
爬姿体长	$368.218+0.506H$
爬姿体高	$195.347+0.355H$
注：H 为身高（mm）；W 为体重（kg）。	

表 C.1　六个自然区域成年男性身高和体重的均值及标准差

测量项目	东北华北区		中西部区		长江中游区		长江下游区		两广福建区		云贵川区	
	均值	标准差	均值	标准差	均值	标准差	均值	标准差	均值	标准差	均值	标准差
身高 /mm	1702	67.3	1686	64.8	1673	65.8	1694	67.4	1684	72.2	1663	68.5
体重 /kg	71	11.9	69	11.3	67	10.4	68	11.0	67	10.9	65	10.5
胸围 /mm	949	80.0	930	80.3	920	74.8	929	75.5	915	74.1	913	73.7

表 C.2　六个自然区域成年女性身高和体重的均值及标准差

测量项目	东北华北区		中西部区		长江中游区		长江下游区		两广福建区		云贵川区	
	均值	标准差	均值	标准差	均值	标准差	均值	标准差	均值	标准差	均值	标准差
身高 /mm	1584	61.9	1577	58.7	1564	54.7	1582	59.7	1564	60.6	1548	58.6
体重 /kg	60	9.8	60	9.6	56	7.9	57	8.5	55	8.4	56	8.5
胸围 /mm	908	86.0	915	81.0	892	73.6	896	76.7	882	72.9	908	77.2

第三章 居室空间设计的界面

本章要点：

居室空间设计的空间界面处理方法

常见界面处理材料

学习目标：

掌握顶面、地面和墙面的设计方法

掌握如何选择合适的材料来处理界面

建议学时：

8 学时

第一节　居室空间设计的空间界面处理方法

一、顶面

居室空间的顶面，即顶界面，建筑学中通常称为"天花板""顶棚"或简称"天花"。天花板的高度对于空间的感知尺度起着决定性作用，它不仅影响着人们对空间的视觉感受，还能通过设计手法影响空间的感知高度。合理的天花板设计可以扩展视觉范围，营造开阔感，而设计不当则可能造成空间压迫和狭窄的感觉。因此，在进行天花板设计时，应优先考虑简洁的造型，避免复杂或过重的设计，以免给人带来不适感。

在天花板设计中，吊顶是一种常见的处理方式，它不仅具有装饰作用，还能满足照明和隐藏管线等功能性需求。

吊顶有以下几种主要类型：

1. 平板吊顶

通常采用 PVC 板、石膏板、矿棉吸音板、玻璃纤维板、玻璃、木材等材料，灯具可以嵌入顶部平面或吸附于天花板上。这种吊顶形式简洁、优雅，适用于多种室内空间。

2. 异型吊顶

根据室内装饰风格和设计需求，采用非传统的几何形状，以创造独特的视觉效果。

3. 局部吊顶

这种设计方法灵活，可以根据室内空间的具体需求进行局部装饰，用于突

图 3—1

出特定的区域，如工作区或休息区，同时也可以用来隐藏结构梁或其他建筑结构，实现美化空间、增添视觉层次和动态感的目的。

4. 格栅式吊顶

以格栅形式排列，通透且具有一定装饰性的效果。但在居室空间中使用时，应考虑清洁和维护此类吊顶的便利性。

5. 藻井式吊顶

可以增加空间的垂直感，但需要有足够的层高来达到最佳效果，一般适用于房间净高超过 2850mm 且面积较大的空间。这种吊顶通常围绕房间四周设计，可以是单层或双层，旨在增加空间的装饰性和深度。（图 3-1、图 3-2、图 3-3）

图 3-2

随着设计趋势的变化,天花板的设计也在不断演变。例如,开放式吊顶(露出建筑结构和管道)已成为一种流行的工业风格设计元素。在设计吊顶时,除了考虑美观和功能性,还应考虑材料的耐久性、环保性和成本效益。同时,必

图 3—3

须确保其结构安全，能够支撑所安装的灯具和其他设备。此外，还应考虑防火
和防塌的要求。而设计时应遵守当地建筑法规和安全标准，确保设计符合所有
相关要求。通过精心设计的天花板，可以提升室内空间的舒适度和审美价值。

二、地面

地面是指室内空间的底界面或底面，建筑上也称为"楼地面"。

地面作为居室空间的承重基面，是居室设计中的关键元素。地面的设计和材料选择需要综合考虑美观性、功能性以及与整体设计的和谐性。

美观性。地面所选用材料的颜色、图案和铺装工艺都对整个空间的视觉效果产生显著影响。例如，使用具有独特纹理的石材或瓷砖，增加地面的视觉吸引力，在门厅或客厅中央铺设几何图案或花卉图案创造焦点，或者结合使用不

图 3—4

同材质的地面材料，如在木地板上嵌入石材条带，或在瓷砖地面上嵌入木质装饰元素，形成材质对比效果等。

功能性。地面材料应根据其所在的功能区域进行选择。例如，厨房和卫生间需要防水、防滑、易于清理的材料，而卧室则倾向于使用柔软和温暖的材料。

和谐性。地面设计应与整体设计相协调，包括墙面、天花板和家具等元素。

在居室地面装饰中，常见的材料包括地板、地砖和石材等。地板材料包括

图 3—5

图 3—6

实木地板、竹地板、复合地板以及塑胶地板等；地砖包括陶瓷砖和马赛克等；石材类包括天然花岗岩和人造石材等。每种材料都有其独特的质感、色彩和维护需求，设计时需要根据居室的具体风格和使用需求进行选择。（图 3-4、图 3-5、图 3-6）

三、墙面

　　墙面是指室内空间的墙面，具有隔声、吸声、保暖、隔热等基本功能。因为墙面处正好处在人的最佳视线范围内，是视线集中的地方，所以也是设计师关注的需要重点表现的地方，墙面设计的好坏往往决定着整个空间设计的成败。

　　居室墙面能选择的材料种类繁多，如石材、木材、玻璃、金属、塑料、墙纸、涂料等。可根据实际需要进行选择。

图 3—7

　　设计师一般都会选择一个重点的墙面进行装饰。根据总体设计定位及业主装饰倾向的不同，选择的墙面也有所不同，一般多选择影视墙和沙发背景墙作为重点装饰立面。（图 3-7、图 3-8、图 3-9）

图 3-8

图 3-9

第二节　常见界面处理材料

一、石膏装饰制品

石膏是一种多孔材料，具有良好的吸音和隔热性能，适用于需要这些特性的顶面和墙面装饰。作为一种可再生材料，其生产过程对环境的影响较小，使用石膏装饰板制品符合绿色环保的设计理念。相比于其他装饰材料，如石材或木材，石膏装饰制品通常具有更高的成本效益，适合预算有限的项目。石膏装饰制品也具有较好的兼容性，可以与其他材料，如木材、金属或玻璃结合使用，创造出独特的装饰效果。

石膏装饰制品主要包括石膏装饰板、石膏线脚、花饰、造型以及纸面石膏板等。

（一）石膏装饰板和石膏线脚、花饰、造型

人们利用石膏较好的可塑性，采用翻模的办法，生产了大量用于界面装饰，特别是顶面和墙面的石膏装饰板和石膏线脚、花饰、造型等。

图 3—11　　　　　　　　图 3—12

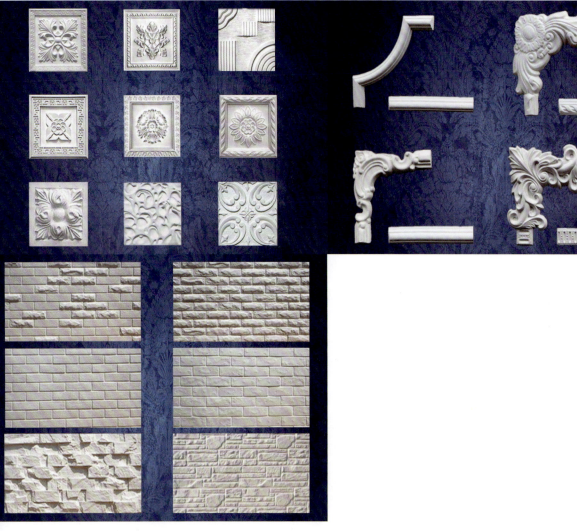

图 3—10

石膏装饰板主要有几何图案、浮雕图案，还可以模仿木质纹理或石材纹理，以适应不同的装饰风格，其图形多样、可塑性好，能够起到美化界面的作用。（图 3-10、图 3-11）

石膏线脚、花饰、造型等也是在居室空间界面设计中被广泛应用的元素。石膏线条有阴线、阳线、花线等，还有石膏造型的罗马柱、壁炉、壁龛等，此外还有很多石膏花饰，丰富了居室空间的界面。（图 3-12、图 3-13、图 3-14、图 3-15）

图 3—13 图 3—14

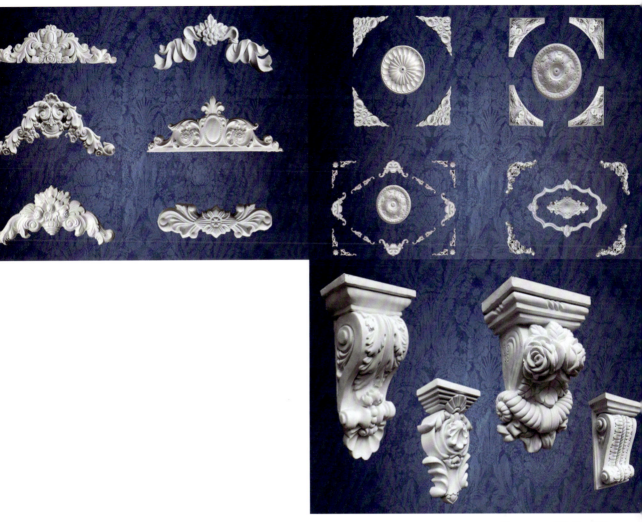

图 3—15

　　石膏装饰板和石膏线脚、花饰、造型的安装常采用钉固法和粘结法。钉固法适用于结构性固定，而粘结法则适用于不破坏石膏装饰板表面的安装。钉固法主要用于平板装饰板的固定，使用自攻钉、干壁螺丝或锚栓等固定件将石膏装饰板固定在墙面和顶面上，以提高安装的稳定性。而小面积的石膏装饰板、造型、花饰以及石膏线等，重量较轻，因此可以直接使用专业的发泡胶和粘结剂将其固定。

（二）纸面石膏板

纸面石膏板的核心成分是天然石膏或合成石膏，两面通常覆盖有特殊的纸张，这些纸张不仅提供了额外的强度和稳定性，还有助于防止水分渗透。纸面可以是不同类型的纸，如牛皮纸、玻璃纤维纸等。为了提高石膏板的性能，有时会加入添加剂，如纤维增强材料、防水剂、阻燃剂等。

纸面石膏板有不同的厚度和尺寸，以适应不同的应用场景。常见的尺寸有1200mm×2400mm、1220mm×2440mm等，厚度从几毫米到几十毫米不等。（图3-16）

纸面石膏板的可加工性使其易于切割和成型，同时还具有可使用面积大、质量轻、抗弯、抗冲击、防火等性能，既可以用于顶面和墙面造型的设计，也可以用于墙体隔断。

纸面石膏板上可以粘贴壁纸，喷涂、滚涂饰面漆，镶嵌金属板、铝塑板、玻璃等，还可以使用其他材料进行覆盖，达到设计想要的效果。

纸面石膏板在遇火时会膨胀形成隔热层，因此具有较好的防火性能。然而，它并不是完全防火的，需要适当的防火处理以满足特定的防火要求。

纸面石膏板的耐水性较差，因此在潮湿环境中使用时，需要进行特殊的防水处理，如涂刷防水涂料。

纸面石膏板的固定，一般采用钉固法。此外，还可以使用黏合剂进行固定，特别是在需要隐藏固定件的情况下。

图 3—16

二、木装饰制品

木材天然的纹理和质感具有非常好的装饰性，是一种天然且美观的材料，其用于室内装饰已有悠久的历史，是室内装修装饰必不可少的重要材料。木材种类繁多，不同种类的木材具有不同的颜色、纹理、硬度和耐用性。在选择木材时，应考虑其特性和适用性。现代加工技术，如碳化、防腐和防火处理，可以提高木材的性能，使其适用于更多的环境和设计方案。选择木装饰制品时，要选使用挥发性有机化合物（VOC）涂料和黏合剂的，可以减少对室内空气质量的影响。而随着对环境保护意识的提高，可持续性和森林资源的合理利用变得越来越重要，因此应该选择经过认证的可持续木材。

木装饰制品应用范围广泛、可以用于地面、墙面、顶面的装饰和家具的制作。由于木材资源的稀缺性，许多替代品被开发出来，越来越多物美价廉、形式多样的木装饰制品应运而生，如木地板、复合板、纤维板、刨花板、密度板、大芯板、微贴板、橡胶木板、企口拼板等。

（一）木地板

木地板按照生产方式，可以分为：实木地板、实木复合地板、复合木地板、竹木地板、软木地板等。

1. 实木地板

利用木材的加工性能，采用横切、纵切或拼接的方式制成的木地板，其优点是具有天然的纹理和色泽，质感温润，触感舒适，具有较好的环保性能。缺点是价格较高，对环境的适应性较差，容易受湿度和温度的影响而变形。

2. 实木复合地板

一种木材的复合体，通常由面层、芯层和底层三部分组成。实木复合地板的优点是结合了实木地板的美观、强化地板的稳定性，价格相对实木地板较低。（图 3-17）

表层处理

面层
芯层
底层

锁扣

图 3-17

3. 复合木地板

也称为强化木地板。一般分为四层，分别是耐磨层、装饰层、芯层和防潮层。复合木地板优点是耐磨、耐热、不易变形，维护简单，价格相对低廉，且花色多，是装修市场上主流的地板选择。（图 3-18）

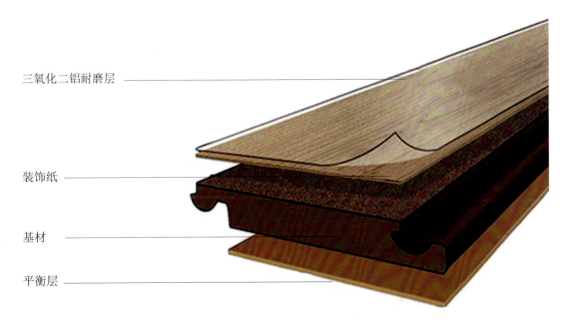

三氧化二铝耐磨层

装饰纸

基材

平衡层

图 3-18

4. 竹木地板

以竹为原材料，具有较好的硬度和稳定性，且竹子生长周期短，可持续性较好。其优点是环保、耐用，且具有独特的装饰效果。缺点是对安装环境的要求较高，不适宜过于潮湿的环境。

5. 软木地板

具有极佳的弹性和柔软性，非常舒适，吸音效果好，且对老年人和儿童较为友好。缺点是耐磨性相对较差，需要更细心的维护。

（二）木饰面板

常见的木饰面板包括细木工板、纤维板、刨花板和木装饰线条等。

图 3-19

1. 细木工板

又称大芯板，是由上、下两层木片，中间夹小木条芯板拼接而成。其基本尺寸为 1200mm×2400mm，具有光洁度好，不变形、易加工等特点，可直接作为面层板使用，也可以作为龙骨使用。和贴面结合使用，主要用于家具及窗套、门套的制作。也常用作木地板、吊顶、墙壁装饰的木龙骨。（图 3-19）

2. 纤维板

　　以木质纤维或其他植物纤维为原料，经过破碎、浸泡、研磨成木浆，再加入添加剂、胶料，垫压成型，并经过干燥、切割等工序制作而成的一种人造板材。按照原料、生产工艺的不同，纤维板可以分为高密度板、中密度板等。纤维板的结构比天然木材均匀，也避免了腐朽、虫蛀等问题，同时胀缩性小，表面平整，易于粘贴各种饰面，一般用于制作家具。（图3-20）

图 3-20

图 3-21

3. 刨花板

利用胶凝材料和木粉、锯末等压制成型的人造板材。刨花板和三聚氰胺浸渍纸结合，制成三聚氰胺刨花板，也称为免漆板或生态板，是制作板式家具的主要原料，同时在界面装饰上也可以单独使用，制作龙骨等。（图 3-21）

图 3-22

　　欧松板也是刨花板的一种，是以松木为原料，刨出长40～100mm，宽4～20mm的长条刨片，经过一系列工序，热压而成的一种新型高强度承重木质板材。欧松板的环保性能优，强度大，硬度高，防潮和防火性能好，可广泛用于界面装饰、家具制作等。（图3-22）

图 3—23

4. 木装饰线条

即木线，按照使用的功能分为扶手线、踢脚线、门窗套线、阴角线、阳角线、楣线以及腰线、柱脚线等。（图3-23）

三、装饰石材

居室空间设计中常见的装饰石材是大理石。大理石是一种变质岩，主要由碳酸钙组成，纹理古朴自然，色泽亮丽，质感高级。大理石加工性能好，耐磨性强，使用寿命长，常见的主要有白色、黑色、绿色、红色等。

大理石可以用于墙面、地面、柱面的装饰，以及门套、窗套的制作。

值得注意的是，市场上的石材种类繁多，除了大理石，还有水磨石、合成石等其他类型的石材，它们各自具有不同的特点和适用场景，设计师应根据具体的设计需求和预算，选择最合适的石材。

在设计时，还应考虑石材的尺寸稳定性，以确保在温度和湿度变化后不会发生翘曲或空鼓。

图 3—24

图 3—25

图3-24从左至右依次是大理石地心拼花（地面）、大理石背景墙（墙面）、大理石装饰线（门窗套）。图3-25从左至右依次是天然大理石、合成石英石、水磨石。

四、装饰陶瓷

瓷砖是以耐火的金属氧化物及半金属氧化物，经由研磨、混合、压制、施釉、烧结，而形成的一种耐酸碱的瓷质或石质的装饰砖。

居室空间设计中涉及的装饰陶瓷主要有墙面砖、地面砖以及装饰花片。常用的瓷砖规格有 300mm×300mm、300mm×600mm、400mm×400mm、500mm×500mm、600mm×600mm、800mm×800mm 等。现阶段，也出现了很多 1000mm×1000mm 的装饰墙砖、地砖等，这些材料也让居室空间的设计语言更加丰富。图 3-26 从上至下依次是釉面砖、通体砖、抛光砖。

图 3—26

图 3-27、图 3-28、图 3-29、图 3-30

市面上常见的装饰瓷砖有通体砖、抛光砖、釉面砖、陶瓷锦砖等。

通体砖也称为同质砖，材质坚硬，耐磨且具有较好的防滑性，通常用于地面装饰，尤其是在对耐磨性要求较高的区域如过道、厨房和卫生间。（图 3-27）

抛光砖是由通体砖经过抛光而成，表面光滑，硬度高，但相比通体砖，其耐磨性略低。抛光砖可以通过渗花技术制作出仿石或仿木的效果，价格亲民，是较常用的一种瓷砖。（图 3-28）

釉面砖是通过将砖的外层进行烧釉处理制作而成的一种瓷砖产品。由于是以釉料作为表层，因此它的耐磨性会稍弱一些，但是图案却生动多样、颜色绚丽美观，同时还具有较强的防污性能，被广泛使用于客厅地面。（图 3-29）

　　釉面砖有陶制和瓷制之分，而从光泽上又分为亚光和亮光。仿古砖，一般是上过釉的瓷质砖，由于它表面的特殊纹理，有较好的装饰作用，因此常用于古典或欧式风格中。

　　在进行厨房设计的时候，建议选择亮光釉面砖，便于清洁；卫生间则应该选择亚光、陶制的砖面，可以起到防滑的作用。

　　陶瓷锦砖也称为马赛克砖，是新兴的一种外形精致、具有丰富花色的瓷砖。基于其小巧的形状和别致多样的类型，往往被用于小型场所的地面装饰。（图3-30）

第四章 居室空间的一般设计程序

本章要点：

设计准备阶段的步骤

方案设计阶段的步骤

学习目标：

掌握居室空间设计的完整流程

建议学时：

6 学时

第一节　设计准备

1. 需求调研

　　与业主充分沟通，了解其对居室的期望、生活方式、文化偏好、资金预算等。

图 4-1

图 4-2

图 4-3

2. 现场勘查

　　实地考察项目地点，记录空间尺寸、结构特点、光照条件等。

（图 4-1、图 4-2、图 4-3）

3. 资料收集

　　收集建筑图纸、环境资料、相关法规等，为设计提供依据。

图 4—4

4. 设计计划

　　制定详细的设计计划和进度表，确保设计工作有序进行。（图 4-4）

第二节　方案设计

方案设计阶段是在充分了解和分析业主需求和现场条件后，设计师开展的具体设计工作。这个阶段通常包括以下几个步骤：

1. 设计定位

根据前期的调研和沟通，设计师对项目进行定位，明确设计风格（主题）、功能布局、材料选择等关键要素。

2. 初步方案设计

设计师根据设计定位，提出初步的设计概念和方案，包括平面布局、空间组织、色彩和材料的初步选择等。在这个阶段，设计师应当通过各种方式，完整地向业主表达出自己设计的构思与意图，并征得对方的认可。如果设计师在设计构思上与业主有较大的差距，则应当尽力寻求共识，达成一致的意见。（图4-5、图4-6、图4-7）

图 4-5

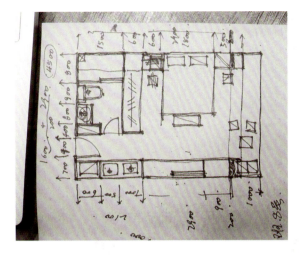

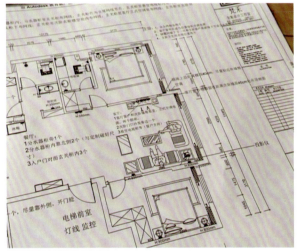
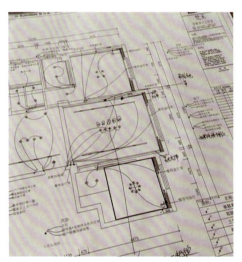

| 图 4-6 | 图 4-7 |
| 图 4-8-1 | 图 4-8-2 |

3. 方案修改和完善

在与业主讨论初步方案后，根据反馈进行必要的修改和完善，直至方案得到业主的认可。

4. 计算机辅助设计

利用计算机辅助设计软件（如 AutoCAD、3D Max 等），将方案转化为详细的设计施工图纸和效果图。设计施工图纸是依据国家建筑装饰制图规范标准绘制指导施工所必需的相关图纸，如平面布置、立面和顶面等图纸、构造节点详图及设备管线图等，并编制施工说明和项目造价预算，为设计的实施阶段做准备。（图 4-8）

5. 设计深化

细化设计方案，包括照明设计、家具布局、装饰元素等。（图 4-9、图 4-10）

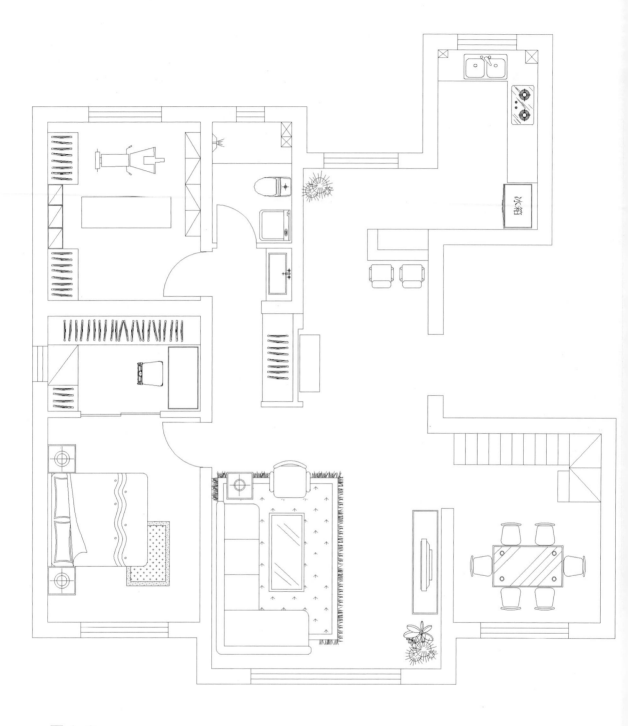

图 4-9

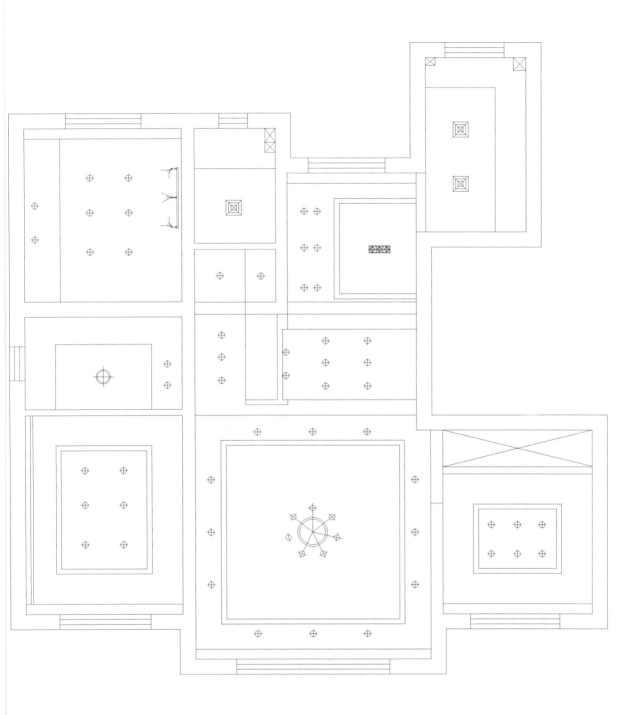

图 4—10

3. 竣工验收

　　施工完成后，进行竣工验收，确保所有工作符合设计要求和施工标准。（图4-17）

4. 后期评估和维护

　　设计项目完成后，设计师和业主应进行后期的使用评估，了解设计是否满足实际使用需求，是否存在需要改进之处。同时，对居室空间进行定期的维护和更新，以保持其功能性和美观性。（图4-18）

图 4-17-1 | 图 4-17-2

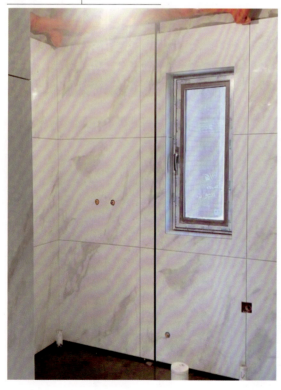

图 4-18

第五章 虚拟仿真实训操作

本章要点：

设计实训中的项目操作步骤

居室空间的综合设计

学习目标：

掌握虚拟仿真实训的操作技巧

应用设计原理于模拟项目中

学习如何通过实训提升设计技能

建议学时：

70 学时

作业：

完成一个居室空间设计的案例

提交设计过程与最终效果的详细报告

第一节 模拟洽谈

一、实训方法

模拟法

二、实训目标

居室空间设计洽谈是业主和设计师双方沟通的过程，旨在确保设计方案能够满足业主的需求和预期。居室空间设计模拟洽谈实训是通过模拟真实的设计洽谈过程，帮助学习者掌握与客户沟通的技巧和理解设计需求的方法，为将来的实际工作打下坚实的基础。

模拟洽谈实训需要达成以下目标：

1. 提升沟通技巧

掌握有效的沟通技巧，包括倾听、表达、说服和反馈，通过沟通更好地理解客户的需求和期望，并能清晰、准确地传达设计理念和方案。

2. 客户需求深入分析

培养分析客户需求的能力，包括生活习惯、审美偏好和预算限制，通过提问、观察和反馈，深入了解客户的具体情况，为设计提供准确的指导和依据。

3. 设计概念清晰呈现

学习提出设计概念的方法，包括绘制设计草图和提供意向图。掌握使用专业术语和工具来讲解设计，使客户直观理解设计意图。

4. 协商与问题解决能力强化

提高在设计过程中协商和解决问题的能力。

5. 职业道德与责任感培养

培养诚实守信、尊重客户、保护客户隐私等职业道德。树立专业形象，展现责任感。

6. 持续学习与发展

持续学习最新的居室空间设计趋势、技术和材料。适应市场需求的变化，不断提升个人专业能力。

三、注意事项

倾听理解。设计师应充分倾听业主的需求和想法，努力理解并达成他们的期望。

沟通清晰。设计师在解释设计理念和方案时应保持清晰和专业，要详尽解释所涉及的专业术语。

及时响应。对于业主关心和关注的问题，设计师应及时做出响应和调整。

文档记录。记录洽谈过程中的关键点和双方的共识，为后续作业提供依据。

四、操作程序

1. 角色分配

将学生分为设计师和业主两组，每组内部可以进一步分配角色（如家庭成员等）。

2. 业主需求提交

业主组需提交一份设计需求报告，包括但不限于空间功能需求、风格偏好、预算限制等。

3. 初步洽谈

设计师组根据业主的需求报告，准备几个初步的设计方案，并与业主组进行模拟洽谈，介绍设计理念和方案。

4. 反馈与修改

业主组提供反馈，设计师组根据反馈对方案进行调整。

5. 初步方案呈现

设计师组完善方案后，进行初步的方案呈现，并与业主组讨论确认。

第二节　虚拟量房

一、实验方法

虚拟仿真实验

二、实训目标

虚拟量房实训是模拟实际量房过程的练习，通过完成虚拟量房，学生可以在没有实际进入施工现场的情况下，熟悉量房流程、掌握测量技巧，并了解如何将测量数据应用于设计中，提高自己的空间测量能力和设计规划技巧，有助于学生未来在实际工作中更加自信和高效地进行量房和设计工作。

虚拟量房实训需要达成以下目标：

1. 理解量房目的

明确量房的目的是为了获取精确的空间尺寸信息。

理解测量数据在设计规划中的核心作用，确保设计方案的准确性。

2. 量房工具掌握

学会使用卷尺、激光测距仪、水平仪等量房工具。

掌握工具的正确使用方法和操作时的注意事项。

3. 空间布局熟悉

通过模拟量房，识别和理解不同居室空间。

4. 数据记录与整理

学习准确记录量房数据的方法。

掌握数据整理和归档的技巧，为设计提供翔实依据。

5. 空间分析能力

通过测量和分析，评估空间的可用性，识别潜在问题，并提出针对所发现问题的解决方案。

6. 技术应用了解

了解现代技术在量房中的应用，如智能应用和三维扫描技术，掌握这些技术工具的使用，提高量房效率和精度。

7. 复杂问题解决

学习在量房过程中遇到意外问题时的快速应对策略，培养解决问题的能力，确保量房工作的顺利进行。

三、注意事项

注意细节。在量房过程中，要注意记录固定设施和结构的细节，如电源插座、开关、梁柱、管道等位置，这些都会影响未来的设计和施工。

安全意识。在进行量房时，要时刻注意个人和他人的安全，遵守安全操作规程，避免在复杂或危险的环境中发生意外。

数据准确。确保所有测量数据的准确性和完整性。

四、操作程序

1. 进入虚拟仿真实验

登录虚拟仿真实验教学平台－传统建筑遗产测量虚拟仿真实验。

2. 按照要求准备量房工具

挑选所需的虚拟量房工具，如虚拟卷尺、测距仪等。

3. 进行虚拟量房

测量并记录居室空间的主要尺寸，包括长度、宽度和高度。标注固定结构的位置，如墙体、柱子、门窗等。注意记录特殊设施的位置和尺寸。

4. 数据整理与分析

整理测量数据，制作详细的测量报告，并生产原始平面图。（图 5-1）

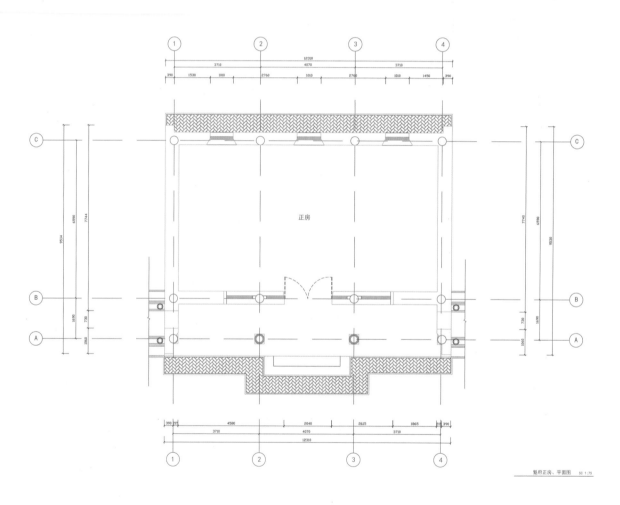

魁府正房、平面图 SC 1:75

图 5-1

第三节　确定主题

一、相关理论知识

主题法是居室空间的一般设计方法，是在居室空间的某些要素被限定的情况下进行设计的方法。主题法有一定的程式可以遵循，因而相对其他方法比较容易掌握。在主题框架内进行不同元素的设计，容易达到和谐、统一。

从构成要素角度讲，居室空间设计的主题可分为六个方面：造型主题、色彩主题、材料主题、空间主题、结构主题以及灯光照明主题。在具体的居室空间设计中实践中，有时会采用单项主题，但有时会在设计要求中对以上六个方面进行多项限定。

鉴于设计风格一般涵盖了设计主题的各个方面，通常会按照设计风格的方法展开设计。常见居室空间的设计风格主要有以下几种。

1. 中式风格

中式风格作为一种独特的装饰设计风格，已经在中国乃至世界范围内受到了广泛的关注和喜爱。中式风格在居室设计中汲取了中国传统装饰艺术的精髓，以其深厚的文化底蕴和独特的美学魅力，通过造型、色彩和陈设等方面展现了浓厚的中国优秀传统文化特色，形成了具有独特魅力的属于中国人的诗意居住空间。

中式风格主要分为两大类，即传统中式风格和新中式风格。这两种风格各有千秋，但都体现出了中式风格的核心价值和设计理念。（图5-2）

传统中式风格深受中国古典建筑和家具的影响。这种风格注重对中国传统元素的忠实再现，通过运用传统的材料和工艺营造出一种庄重而华丽的氛围。例如，传统中式风格中常见的红木家具，其独特的质感和色泽，不仅具有极高的实用价值，更是一种文化的象征，精细的雕刻工艺更是将这种风格的精湛技艺展现得淋漓尽致。

图 5-2

新中式风格则是对传统中式风格的一种创新和发展。它吸收了传统中式风格的精髓，但在材料和工艺上进行了现代化的改造和升级，更加强调简约与实用，注重空间的利用和功能的划分。同时，它还融入了现代设计元素和理念，使得整体风格更加符合现代人的审美需求和生活方式。在家具设计上，新中式风格倾向于简化线条，采用现代材料如玻璃和金属，同时保留传统元素的神韵。色彩上偏好使用黑檀木、鸡翅木等深色调的木质材料，以及清新的自然色系，打造既有东方韵味又符合现代审美的居住环境。（图5-3、图5-4）

中式风格不仅是对传统元素的复制，而是在深刻理解中华传统文化的基础上，创造出既适应现代生活需求又不失传统美感的空间，是对中国传统美学的一种继承和发扬，带有深刻的文化内涵，体现出了中式风格的独特魅力和文化底蕴。中式风格以其独特的方式和精神内容，极大地丰富了人们的日常生活，不仅展现了中国传统文化的深度和丰富性，也为现代生活带来了一份宁静与雅致，提升了居住者的生活品位，展现出了中式风格在居室空间设计领域的广泛应用和发展前景。

图 5-3

图 5—4

在采用中式风格进行居室空间设计时，应避免流于形式的简单模仿、照搬古典形态，而是要在充分理解传统建筑与装饰的形态、符号以及精神文化的基础上来营造既符合现代生活方式和标准，又不失中国传统人文精髓的居室环境。

在中式风格设计中经常借鉴的传统建筑及装饰元素有门、窗、隔断、罩、梁柱、斗拱、藻井、宫灯、匾额、楹联、彩画、家具等。这些元素不仅能够直观真切地传递的传统文化，在营造中式环境氛围、丰富空间功能等方面同样发挥着重要作用。如字画、匾额、楹联的点题作用；隔扇、罩和屏风等对空间的组织作用；家具、木架构所呈现的传统木作特色等。合理运用这些传统元素对居室环境进行空间上的划分与联系、界面上的装饰与处理等，能够在保证居室功能合理、实用的基础上，营造传统文化特征，赋予现代居室空间以人文关怀，提升人们生活的品质。(图5-5）

图 5—5

2. 巴洛克风格

巴洛克一词源于葡萄牙文，意为畸形的珍珠。巴洛克风格是介于风格主义与洛可可风格之间的一种风格，罗马是巴洛克风格的发源地，在巴洛克风格的演变中，罗马教廷对它有重大的影响，17世纪中期，这种风格被夸大到极致。16世纪末期17世纪初，整个欧洲的艺术风格进入巴洛克时代。巴洛克风格以浪漫主义精神作为形式设计的出发点，它虽然脱胎于文艺复兴时代的艺术形式，但却有其独特的艺术风格。（图5-6、图5-7）

图 5—6

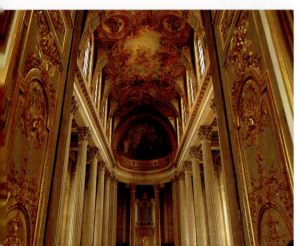

图 5-7-1

图 5-7-2 | 图 5-7-3

119

图 5-9

　　在材质上，巴洛克风格常用各色大理石、宝石、青铜、金、橡木、胡桃木、黑檀木、天鹅绒、锦缎和皮革等装饰。

图 5-10

　　巴洛克风格强调装饰性，空间布满绘画作品。同时，它模糊了建筑、雕塑和绘画之间的界限，促进了这些艺术形式的相互融合。（图5-9、图5-10）

图 5-12

　　洛可可风格在造型上不追求对称，擅于频繁地使用形态、方向多变的 C 形、S 形或涡卷形曲线，营造出轻松、明朗、浪漫的空间环境。

图 5—13

　　大镜面作为装饰经常出现在洛可可风格的设计中，并大量运用花环、花束、弓箭及贝壳图案纹样。在室内色彩的选择上，洛可可风格倾向于使用嫩绿色、粉红色、玫瑰红色等柔和色调，并且经常以金色线条作为装饰。（图 5-13、图 5-14）

图 5-14

4. 简欧风格

　　简欧风格是一种将简约主义的精髓与欧式传统元素巧妙结合的设计风格。它既不盲目追求极简，也不沉溺于过度的装饰，而是在两者之间找到一个平衡点，既体现了欧式风格的优雅与精致，又展现现代设计的简洁与实用，是一种既尊重传统又注重创新的设计风格。它以其独有的魅力，为现代居室空间设计提供了一种既美观又实用的解决方案。

　　简欧风格在设计实践中，特别强调空间的功能性与舒适性，摒弃了繁复的装饰，以干净利落的线条和几何形状为主，强调对称性和层次感，营造出既庄重又温馨的居住氛围。

　　在色彩运用上，偏好以象牙白或其他浅色系作为主色调，以此奠定居室空间温馨而明快的基调。同时，通过恰当地运用深色调的家具或配饰，形成视觉上的对比和重点的突出。（图5-15、图5-16）

图 5—15

图 5-16

5. 地中海风格

　　地中海风格最初用以描述欧洲地中海北岸地区，尤其是西班牙、葡萄牙、意大利和希腊等地中海国家沿海居民住宅的传统设计特色。在当代居室空间设计领域，地中海风格被赋予了新的生命，设计师们从地中海地区传统的家居装饰中汲取灵感，提炼出核心元素，并将其创新性地融入现代生活空间的打造中。

　　地中海风格以简约、质朴、纯净著称，能够有效缓解视觉疲劳，越来越受到人们的喜爱和追捧。在色彩运用上，偏好使用清新的蓝色、白色，以及黄色、绿色和土黄色等自然色调，这些色彩不仅为视觉带来清新感受，而且巧妙地映射出地中海地区的自然风光和地域特色。

　　在空间造型方面，巧妙地运用拱形设计，旨在软化室内线条，营造出一种温和、舒适的居住氛围。

　　在室内装饰上，倾向于采用石砾、贝壳、鹅卵石和爬藤植物等自然元素来装点和丰富居住空间，为其增添一份自然与生机。

图 5-17

图 5—18

地中海风格的家具通常拥有柔和的轮廓线条，经常通过擦漆和做旧工艺处理，展现出一种朴素、自然的风貌，与整体风格相得益彰。在材质的选择上，这种风格倾向于使用原木、石材等天然材料，强调材质的原始感和质朴美，从而营造出一种接近自然、轻松愉悦的居住环境。

地中海风格在现代室内设计中的应用，不仅是对传统地中海地区装饰风格的简单模仿，而是在深刻理解其文化背景和审美特点的基础上，进行的一种创新性设计实践。通过精心的空间布局、色彩搭配和材料选择，地中海风格为现代家居空间带来了一种全新的审美体验和生活方式。（图5-17、图5-18）

6. 美式风格

美式风格是由美国生活方式演变而来的一种形式、风格。

美式风格没有太多造作的修饰与约束，拥有一种休闲、浪漫的风格。同时，因为与欧洲之间的文化羁绊，使得美式风格仍然保留了旧大陆的奢侈与贵气，具有浓郁的怀旧气息。

在造型上，美式风格是对欧洲风格的一种本土化诠释，它简化了传统元素如柱形和壁炉，以适应现代生活的需求。在材料选择上，倾向于使用未经雕琢的自然材料，如原木、石材和砖墙，以塑造一种粗犷而自然的风貌。色彩上，以原木色为基调，辅以白色、红色、绿色等，营造出一种温馨而典雅的居住环境。

美式家具多以桃花木、樱桃木、枫木及松木制作，涂饰上往往采取做旧处理，即在油漆几遍后，用锐器在家具表面上形成坑坑点点，再进行涂饰。油漆以单一颜色为主，不加金色或其他色彩的装饰条。（图5-19）

图 5—19

7. 工业风格

　　工业风格是近年来颇受年轻人欢迎的一种居室空间设计风格，其主要内涵是在居室空间内表现工业文化特征。与那些复杂、豪华的室内环境相比，工业风格显示出了一种简单、粗犷的风格。

　　在空间布局上，工业风格偏爱追求宽敞、开放的空间，尽可能减少隔间，让空间产生更大的灵活性，不受结构框架制约，由居住者随心创造出自己想要的面貌。在界面的处理上，工业风格强调不过度装潢，让空间回归最原始的状态，一般不隐藏管线，而是任其裸露出来成为室内的独特装饰。在墙面、地面的处理中，也多采用砖石、水泥等原始素材，复古的红砖也是工业的风常见元素之一。在色彩方面，通常以黑、白、灰等为主（图5-20、图5-21）

图 5-20

图 5-21

二、实训操作

（一）实训目标

居室空间设计中确定主题是一个关键步骤，它有助于为整个设计提供一个统一的风格和方向。在本阶段，设计师通过与客户沟通、实地考察、收集相关资料和信息等前期准备，结合实际情况，对本设计方案采用的主题进行确定，进而在主题的框架下，展开下一步设计。

通过本实训操作，可以更好地掌握如何为居室空间确定和实现一个设计主题，从而创造出既美观又实用的居住环境。

（二）操作程序

序号	步骤	内容
1	调研与灵感搜集	前期广泛开展调研，包括居住者的生活习惯、文化背景、个人喜好等。同时搜集设计灵感，可以参考室内设计书刊、网站、社交媒体等，以获取当前的设计趋势和流行元素。
2	主题概念形成	根据客户的要求与现实项目的情况确定设计主题。一般可以根据调研结果，形成一个或多个可能的设计主题。主题可以是某个风格，也可以是居住者喜欢的某个特定元素。
3	风格细化	进一步细化风格特点，考虑如何通过色彩、界面、灯光、陈设等元素来体现这一主题。

（三）实训作业

依据前期形成的用户调查报告，撰写项目的设计主题方案。

第四节　组织布局

一、相关理论知识

（一）分区原则

功能分区是对居住空间进行的系统性规划，其目的在于满足居住者的基本生活需求，包括起居、就寝、个人卫生、储藏、工作学习等五大基本功能。在进行空间规划时，必须首先确保满足这些基本功能需求，以确保居住环境的实用性和舒适性。（图5-22）

分区一般要求实现内外分区、动静分区和洁污分区。

内外分区是基于对居住私密性的考量。在常规的单元式住宅设计中，私密性要求较高的区域通常位于住宅的最内部，并通过相应的隔离手段与其他空间进行区分，以保障这些高度私密区域不易被外部人员接触。

图 5-22

动静分区指将活动频繁且易对其他空间造成干扰的动区与需要保持相对宁静环境的静区进行有效分离。一个居室空间的动区包括起居室、餐厅、厨房、健身房、游戏室等空间，这些区域是家庭成员活动较为频繁的地方。而静区则包括卧室、书房、卫生间等私密性较高、活动相对较少的空间，这些区域需要更加安静的环境。

　　在居室空间设计中，静区通常被安排在平面的一侧，与动区保持一定的距离，以减少相互之间的干扰。在多层住宅中，主卧室、儿童房等私密性较高的空间通常位于较高楼层，而工人房、客房等则会被安排在底层。同时，动区应更靠近主入口，方便家庭成员进出和使用。（图5-23）

　　洁污分区是要求将有烟气、污水、垃圾等污染源的区域与清洁卫生区域进行有效分隔。厨房和卫生间是用水较多且易产生污染的区域，因此通常集中布置，并采取特殊的密闭和通风设计，以确保室内空气的清洁。鉴于厨房和卫生间通常涉及复杂的排水、排烟管道系统，其位置通常在建筑的原始设计中已经确定，在不严重影响居住者生活质量的前提下，设计师应基于现有管道布局进行空间优化，避免大规模的管道改造。

平面布置（1：70）

图 5-23

（二）空间分区的处理方式

1. 绝对分隔

指采用承重墙、到顶轻体隔墙等具有高强度的实体界面来划分空间。这种分隔方式能够高效阻断视线、声音以及温湿度的传递，确保各区域之间的相互独立，因此，在需要高度私密性的场所，以及有隔音、隔烟、隔味等特殊要求的区域，如影音室、书房、厨房和卫生间等，绝对分隔是一种非常合适的设计选择。

2. 局部分隔

指利用片段的面、非顶隔墙以及高大的家具等手段，对空间进行合理划分。这种分隔方式不仅能够有效界定空间，同时也赋予空间层次感和流动性。这种分隔方式，在性质相近的空间中尤为常见，如起居室与餐厅之间，主人卧室与书房之间。局部分隔也具备保护隐私的功能。门厅作为连接室内外的枢纽，常采用这种分隔方式，旨在避免绝对分隔带来的空间局促感，也有效地保护了内部空间的私密性，居住者还可以随时观察入户门的情况，巧妙实现空间开放性与私密性的和谐统一。（图5-24、图5-25）

图 5-24

图 5—25

图 5—26

3. 象征性分隔

指利用造型、装饰材料、垂直高度差、空间色调等分隔空间。

（1）利用造型进行分隔

这种分隔通过空间造型的设计手法来区分不同的功能性区域。例如，在天花设计上，对起居室的天花进行局部吊顶处理，而相邻的其他空间则可能在吊顶的高度或形式上与起居室有所区分，这种微妙的差异在视觉上产生了一种心理上的分隔暗示，从而有效地划分了起居室与其他空间的区域界限。（图5-26）

图 5-27

（2）利用装饰材料进行分隔

利用装饰材料的不同选择也可以实现对空间的区分，如起居室采用地砖作为地面材料，而阳台则选择木质地板，形成一个休闲区，为空间增添一份自然与休闲的氛围。（图 5-27）

此外，还可以运用颜色、规格和质感的差异来进一步分隔空间，无论是使用规格相同但颜色和质感不同的材料，还是选择颜色、规格、质感各不相同的材料，都可以为家居空间创造出更加丰富和立体的层次感。如图 5-27 所示，通过巧妙运用这些装修技巧，可以打造出一个既美观又实用的居住环境。

图 5—28

（3）利用垂直高度差进行分隔

利用垂直高度差实现空间分隔不仅能够丰富空间层次感，提升空间的立体感和动态感，还可以根据实际需求灵活调整功能区的划分，从而优化室内空间的居住体验。

在运用垂直高度差进行空间分隔时，必须注意：首先，室内空间的层高应保持在一定的高度，以确保居住者能够自由活动而不感到压抑。其次，要关注两个空间地面之间的高差对居住者的影响。高差过高可能会给老人和儿童等行动不便的人群带来困扰，过低则可能容易被忽略，从而增加跌倒等安全风险。（图5-28）

图 5-29

（4）利用空间色调进行分隔

利用空间色调是室内设计中常用的手法之一，它通常分为两种主要的方式：一种是利用空间的装饰色调来分隔；另一种是以灯光色调来分隔。

采用第一种方式，可以通过运用空间的装饰色调来区分不同的功能区域。

图 5-30

例如，在一个家居空间中，起居室作为家庭成员休闲娱乐的场所，可以选择采用柔和的灰色调作为主色调，营造出宁静、舒适的氛围。而餐厅作为用餐的区域，则可以采用明亮的黄色调，这样不仅能有效地划分出两个不同的空间，还能使整体空间层次感更加丰富，避免了单调和乏味。（图 5-29、图 5-30）

图 5-31

第二种方式需要通过灯光色调来分隔空间。在这里，灯光不仅是营造氛围的重要工具，还可以通过不同亮度和色彩倾向的照明环境来塑造独特的光影效果和空间氛围，从而达到区域分隔的目的。例如，在起居室中，巧妙地设置落地灯、壁灯等多种照明方式，营造出柔和而温暖的光线，与灰色调相得益彰，共同营造宁静舒适的休闲空间。而在餐厅中，则可以通过使用吊灯、台灯等照明设备，以及调整灯光亮度和色彩，营造温馨而舒适的用餐环境。（图 5-31）

通过巧妙地运用装饰色调和灯光色调，不仅可以有效地分割空间，还能营造出丰富多彩的光影效果和空间氛围，提升整体空间的美感和舒适度。

图 5-32

4. 弹性分隔

　　指通过采用拼装式、升降式、直滑式、折叠式等可变动的隔断方式，如帘幕、家具、陈设等，来实现空间的灵活分隔。这种设计的特点在于可以根据实际需要随时调整隔断的启闭或移动，进而改变空间的大小和布局，展现出高度的灵活性和实用性。如图 5-32 所示，玻璃推拉门的应用不仅划分出了一个独立的小休闲区，同时也作为装饰元素增强了空间的视觉效果。玻璃推拉门的透明性又使得内外部空间相互借景，增强了空间的通透感和开放性。

在图 5-33 中，通过滑轨与拉帘的结合，成功地将起居室与书房分隔开。地面的高低落差和材质变化也为空间划分提供了有力支持，充分满足了使用者的个性化需求。在进行居室空间划分时，通常会结合使用多种分隔手段，以明确各个功能区域，提升空间的装饰效果和层次感，同时优化整体的空间体验。

（三）居室空间的流线设计

1. 定义与内容

居室空间的流线，或称动线，指人们在居室空间中进行日常活动的运动路线。流线设计是设计师有意识对以人们的行为方式加以科学的组织和引导，形

图 5-33

成良好的空间布局流线，为业主提供人性化的空间设计。在居室空间中，流线可划分为家务流线、家人流线和访客流线。家务流线是家务活动——做饭、洗衣等的路线和轨迹，涉及的主要区域是厨房、卫生间或洗衣房和生活阳台等。家人流线是居住者在私密性较强的空间中的活动轨迹，涉及的主要区域是客厅、餐厅、卧室、书房、衣帽间等。访客流线是来访客人的活动路线，这一活动路线主要集中在由门口或门厅到起居室以及公共卫生间的区域。

2. 流线设计原则

家务流线、家人流线和访客流线三路流线尽量避免重复交叉，是流线设计中的一个基本原则。如果三条流线同时发生，之间又产生了过多的交叉，就会使功能区域混乱，实用功能降低，造成空间内的行为互相干扰，降低活动效率，也会给室内陈设的摆放带来极大的影响和限制。在流线设计时，还要注意按照日常活动的轨迹进行设计，避免重复路线浪费时间和体力。（图5-34、图5-35）

图5-34

图 5-35

3. 流线改造方法

　（1）改变空间的布局

　面对流线设计不合理的住宅户型，首要策略是通过调整空间布局，使家务、家庭成员及访客的活动流线更加清晰，减少流线间的交叉干扰。例如，在图5-36的户型中，卧室门直接与起居室相对，这在一定程度上影响了居住的私密性，

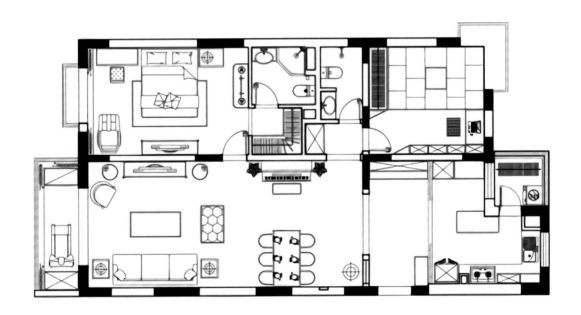

图5-36

并使得访客与家人的活动流线产生了不必要的交会。为解决这一问题，延长主卧室的墙面，使主卧门与次卧门相对，从而形成一个独立的休息区域，提升居住私密性。同时，将通往公共区域的通道调整至餐厅旁，优化了家庭成员从起床到用餐的活动流线，提高了居住舒适度和生活效率。（图 5-37）

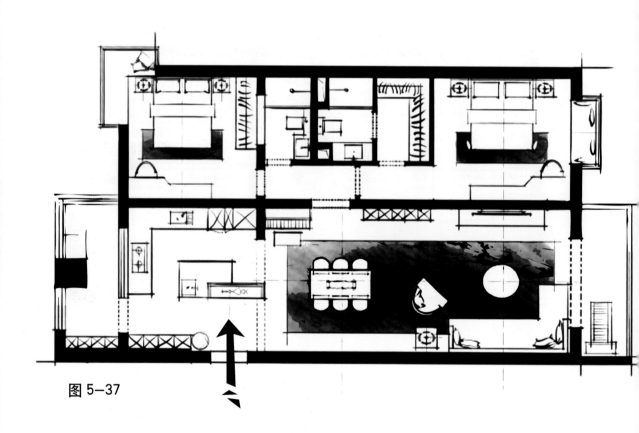

图 5—37

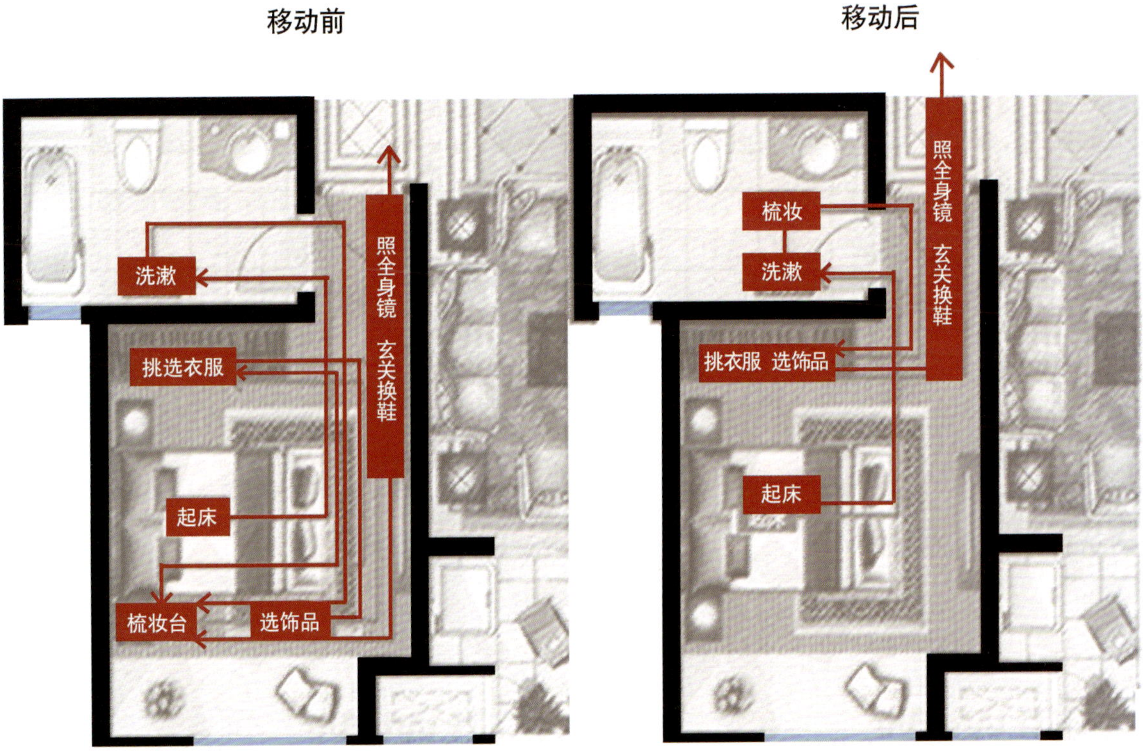

移动前　　　　　　　　　　　移动后

洗漱

挑选衣服

起床

梳妆台　选饰品

照全身镜　玄关换鞋

梳妆

洗漱

挑衣服　选饰品

起床

照全身镜　玄关换鞋

图 5-38

（2）改变家具的布局

经过对家具布局的优化调整，可以有效地改善空间的流线设计。如图 5-38 所示，原先的卧室布局中，盥洗、更衣和休息等功能区域的流线存在相互交叉的情况，这无疑给居住者的日常生活和行动带来了诸多不便。为了改善这一问题，对家具的摆放位置进行了精心调整，从而构建了一个更加合理、便捷的流线布局。这样的改进不仅提升了居住者的使用体验，也进一步优化了空间的功能性和舒适性。

三. 实训操作

（一）实训目标

居室空间组织布局实训，要求深刻理解空间功能的内涵与外延，掌握如何科学规划空间以满足居住者的多元化需求。经过系统的居室空间组织布局实训，能够更深入地掌握空间规划的核心理论与实用技巧，为日后的实际工作奠定坚实的理论基础与实践能力。

（二）操作程序

序号	步骤	内容
1	需求分析	分析业主的生活方式、习惯、喜好、家庭成员的数量、年龄结构以及对工作和休闲活动的具体需求。
2	空间功能划分	根据需求分析的结果，对居室空间进行功能划分。常见的功能区域包括客厅、餐厅、厨房、卧室、书房、卫生间等。每个区域应根据其用途和使用频率进行合理布局。
3	流线规划	设计空间内的流线，确保居住者在空间内的活动顺畅无阻。流线规划应考虑从入口到各个功能区的路径，以及避免不必要的交叉和拥堵。
4	软件模拟	使用设计软件进行模拟，以便更直观地展示和评估空间布局的效果。
5	实施与调整	在实际布局过程中，根据实际情况进行调整。可能需要根据家具的实际摆放效果、居住者的反馈等进行微调。
6	效果评估与反馈	完成布局后，评估空间的实用性和美观性。收集居住者的反馈，了解空间布局是否满足其需求，并根据反馈进行必要的优化。

（三）实训作业

完成平面布局图。

第五节 色彩设计

一、相关理论知识

（一）色彩学基本知识

1. 色彩的三属性

色相是色光的绝对波长，是在色彩体验的过程中首先感受到的色彩属性。通俗地讲，色相就是物体的固有颜色，可以用一定的数值范围来表示。

明度又称亮度，是色光的相对灰度，可以用一定的数值范围来表示。明亮的、浅的颜色，称之为"高明度"；反之，则为"低明度"。高明度与低明度之间，称之为"中明度"。

纯度指色彩的饱和程度或鲜艳程度，又称彩度、饱和度，用百分比来计量。颜色在没有加入其他颜色时，纯度最高，否则纯度减弱。

色相、明度和纯度是色彩的三个不可分割的基本属性，它是一个事物的三个不同方面，具有"三位一体"的性质，不可以孤立地去理解。

2. 有彩色和非彩色

色彩大致以划分为"有彩色"和"非彩色"两类。凡带有某一种标准色倾向的色，称为"有彩色"。"有彩色"是无数的，它以红、橙、黄、绿、蓝、紫为基本色，基本色之间不同量的混合，以及基本色与黑、白、灰（非彩色）之间不同量的混合，会产生成千上万种"有彩色"。

色彩学将"白、黑、灰"称为"非彩色"，以便和光谱中的各种"有彩色"区别。

3. 色调

色调是画面色彩的总倾向，是对色彩的总感受。色调是通过色彩的明度、色相、纯度间的变化关系形成的，其中某种因素起主导作用，就可以称为某种色调。

从色彩的色相来分，有红色调、黄色调、绿色调、蓝色调、紫色调等；从色彩的明度来分，有明色调（高调）、暗色调（低调）、灰色调（中调）等；从色彩的纯度来分，有纯色加白或加黑的清色调、纯色加灰的浊色调；从色彩的特性来分，有暖色调、冷色调、中性色调等。

（二）色彩在居室空间设计中的作用

1. 色彩的温度感

在色彩学中，可以把不同色相的色彩分为暖色、冷色和温色。从红紫、红、橙、黄到黄绿色称为暖色，以橙色最暖；从青紫、青至青绿色称为冷色，以青

图 5-39

色为最冷。这和人类长期的感觉经验是一致的，如红色、黄色是太阳、火的颜色，给人燥热的感觉；而青色、绿色是田野和森林的颜色，让人感觉凉爽。有些色彩在色性中既不属于冷色也不是暖色，如紫色，当与冷色绿色搭配时，会感到紫色发暖，而与暖色橙色搭配在一起时，会感到紫色发冷，这样的色彩被称为温色。

在居室空间的设计中，运用色彩这种特性，可以进行室内温度感的调整。如住宅中靠北的房间光线弱，一般偏冷，室内用色可以偏暖。还可以根据季节的不同更换陈设品，如夏季会选择一些冷色调的床上用品，带来一丝清凉；而冬季则使用一些暖色调陈设，让室内充满温暖感。（图 5-39、图 5-40）

图 5-40

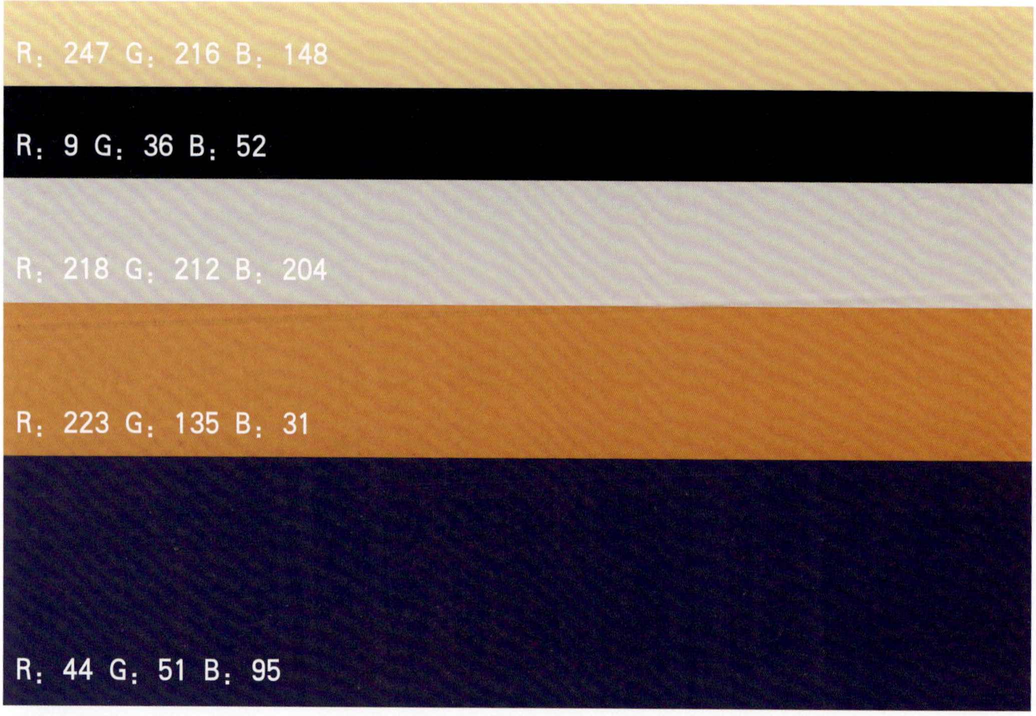

R：247 G：216 B：148

R：9 G：36 B：52

R：218 G：212 B：204

R：223 G：135 B：31

R：44 G：51 B：95

图 5—41

2. 色彩的距离感

　　色彩会使人产生远近不同的错觉。一般暖色和明度高的色彩具有前进、接近的效果。而冷色和明度较低的色彩具有后退、远离的效果。在居室空间设计中，可以利用色彩的这种特点来调节和改善空间的大小与高低。（图5-41）

3. 色彩的重量感

　　色彩的重量感主要取决于色彩的明度和纯度，明度和纯度高的色彩显得轻，而明度和纯度低的色彩显得重。

　　在居室空间的设计中常用明度和纯度低的色彩来表现空间的稳重感和厚

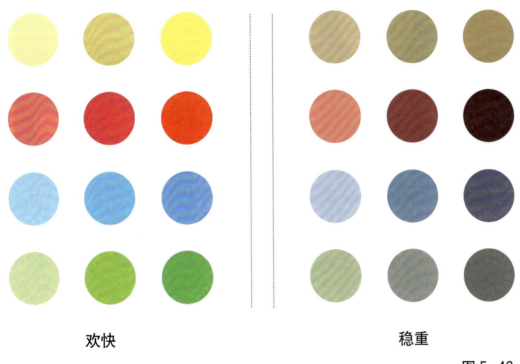

欢快   稳重

图 5-42

重感，用明度和纯度高的色彩来表现欢快、活泼的空间感受。（图 5-42）

4. 色彩的尺度感

明度和纯度高的色彩具有扩散作用，显得大；而明度和纯度低的色彩则具有内敛作用，显得小。在居室空间的设计中，可以利用色彩的这种特性，根据室内物件的相互作用来改变物体的尺度感、体积感和空间感，使室内各部分之间关系更为协调。图 5-43 中，同样大小，暖色比冷色更显大；同样大小，亮色比深色更显大；同样颜色，亮色背景下更显大。

奇心。而老人的卧室则宜采用更为柔和、自然的色彩，以营造宁静、舒适的休息环境。

居室空间的色彩选择与配置应充分考虑空间的使用性质、使用功能和使用对象。通过合理的色彩设计，可以为居住者创造一个既美观又实用的居住环境，满足他们的不同需求，提升他们的生活品质。同时，也要注意到色彩对人的心理和情感有着重要的影响，因此在进行色彩设计时，设计师还应关注色彩对居住者心理健康的积极作用，为其打造一个既舒适又健康的生活空间。

（2）构图需要

居室空间的色彩设计是一门学问，必须符合构图需要，充分发挥色彩对空间的美化作用，正确处理协调与对比、统一与变化、主体与背景的关系。

协调指不同色彩之间的和谐共处，形成统一的整体感，在居室空间中，可以通过选择相近的颜色或者同一色系的色彩来实现协调。而对比则是指通过色彩的差异来突出空间的层次感和立体感。

统一指在整个空间中，色彩的整体风格要保持一致，形成统一的视觉效果，这可以通过选择同一色系或者相似色系来实现。而变化则是指在统一的基础上，通过局部色彩的调整来打破单调和沉闷。

主体指居室空间中最重要的元素，通常是家具、装饰品等，而背景则是指墙壁、地面等大面积的空间。在色彩设计中，要注意主体与背景之间的色彩搭配，使主体能够突出并吸引眼球，例如在浅灰色的墙壁上放置深色的家具或者摆放色彩鲜艳的装饰品，可以使主体更加突出，增加空间的视觉焦点。

此外，在居室空间色彩设计中，还需要注意色彩数量的限制。通常，居室空间里面的色彩限制在3种以内，这样可以避免色彩过于杂乱。当然，这并不是绝对的，有时候通过巧妙地运用色彩搭配手法，也可以让多种色彩和谐共存于同一空间中。

一般情况下，为了达到空间色彩的稳定感，常采用上轻下重的色彩关系。例如，在居室空间中，可以选择浅色调的墙壁和天花板，营造轻盈的感觉；而地面则可以选择深色调的材质，如深棕色的木地板或灰色的大理石，增加空间的稳重感。

（3）空间需要

色彩在空间设计中具有显著作用，能够产生距离、重量和尺度的感知效果，进而优化空间的整体表现。在调整空间尺度和比例时，合理运用色彩是关键，因此，在进行色彩搭配时，需充分考虑空间的实际需求。例如，为缩短并拓宽狭长的走廊，设计师可将走廊尽端的墙面设计为深色调，以达到视觉上的缩短和拓宽效果；反之，若需要增强空间的深远感或扩大视野，可采用浅色调进行设计。

（4）个性需要

在选择居室空间的色彩时，必须重视居住者的群体特性和个人偏好，应以居住者的实际需求为出发点，全面考虑不同居住者对色彩的心理需求、个性特点等因素，进而进行整体色彩的设计与规划，使居室色彩既能满足居住者的审美需求，又能营造出舒适、和谐的居住环境。

2. 居室空间色彩设计的基本方法

（1）单色调色彩配置法

单色调色彩配置法是一种既注重色彩整体统一，又强调色彩层次和变化的居室空间色彩设计方法，其核心在于选择一种色相作为整个居室的色彩主导，在维持整体色调统一的基础上，通过巧妙地调整色彩的明度和纯度，实现空间内部的层次感和视觉焦点。

具体而言，色相的选择是该方法的第一步，它决定了室内色彩的基本调性。随后，设计师需要运用专业的色彩知识，通过调整色彩的明度和纯度，营造出既统一又富有变化的视觉效果。例如，若选择蓝色作为主导色，深邃的海洋蓝可以用于墙面，以营造出宁静、稳重的氛围，而浅浅的天蓝则可作为窗帘、床单等软装饰的色彩，为空间增添一抹清新的气息。（图5-44）

图 5—44

图 5—45　　图 5—46

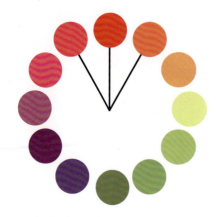

（2）相似色调色彩配置法

选择在色环中相邻的两三种的色彩作为居室色彩的主调，如黄、橙，蓝和蓝紫等（图5-45）。

相似色调是最容易产生色彩效果的一种色彩配置方法，其特点是能使居室空间产生明朗、清新的气氛，而且也因色彩明度和纯度上的变化而显得层次更加丰富。一般说来，需要结合非彩色，来加强其明度和纯度的表现力。（图5-46）

（3）互补色调色彩配置法

也称对比色调色彩配置法，是选取色环中相对位置的两种色彩作为空间的主色调，如青与橙、红与绿、黄与紫等鲜明的对比组合。这种色彩搭配方式以其强烈的对比和冲击力，为居室空间带来了生动、鲜亮、活泼的色彩效果，使空间充满活力与张力。

然而，尽管互补色调色彩配置法具有诸多优点，但在实际应用中仍需谨慎处理。过于强烈的色彩对比可能会引发视觉上的疲惫感，影响居住者的舒适体验。因此，在运用互补色调时，需要巧妙运用明度、纯度、面积对比以及非彩色调节等手法，保持空间色彩的整体和谐。例如，可以确保其中一种色彩在明度或纯度上始终保持主导地位，而另一种色彩则起到辅助和衬托的作用。

在实际操作中，设计师还需要根据空间的功能需求和居住者的个性喜好，对互补色调进行灵活调整。例如，在书房等需要保持宁静和专注的空间，可以采用更为柔和的互补色调，以减轻视觉压力，提升阅读、学习的舒适度。而在儿童房等活泼欢快的空间中，则可以使用更为鲜明、对比强烈的互补色调，激发孩子的创造力和想象力。

（4）非彩色调色彩配置法

非彩色调色彩配置法一种独具魅力的居室色彩设计技巧，它巧妙地运用了黑、白、灰这三种中性色调作为空间的主调。这种色彩配置方法不仅能够营造宁静、平和的室内氛围，还能够在无形中突出并增强周围环境的表现力。黑、白、灰的色彩组合，既简洁又富有内涵，为现代居室设计注入了无尽的创意与灵感。

首先，非彩色调色彩配置法的最大特点在于其高度的和谐性。黑、白、灰三种颜色在色彩学中被称为中性色，它们既不属于暖色系也不属于冷色系，因此，它们能够与其他任何颜色的家居用品和装饰品相融合，不会产生突兀的感觉。这种色彩配置方法可以使整个居室空间呈现一种统一的视觉效果，给人带来安静、舒适的感觉。

其次，非彩色调色彩配置法还具有突出环境表现力的作用。当室内光线照射到这些色彩上时，会产生微妙的阴影和反光效果，从而增强空间的立体感和深度。此外，黑、白、灰的色彩组合还能够有效地凸显家居用品的质感和色彩，使整个空间更加富有生活气息。

然而，在使用非彩色调色彩配置法时，也需要注意色彩的比例搭配。过多的黑色可能会使空间显得过于沉重和压抑，而过多的白色则可能使空间显得过于空旷和单调。因此，在设计过程中需要根据实际需求和空间特点来合理搭配黑、白、灰的比例。例如，在客厅等公共区域可以适当增加白色的比例，以营造宽敞、明亮的感觉；而在卧室等私密空间则可以适当增加黑色的比例，以营造温馨、舒适的氛围。

除上述配色方法，设计师还需要不断尝试和探索新的色彩配置方法，以满足人们对美好家居生活的追求和期待。

二、实训操作

（一）实训目标

在居室空间设计中，色彩设计影响空间的视觉感受和居住者的情绪与行为。通过实训操作，将更深入地理解色彩在居室空间设计中的作用，并掌握如何有效地运用色彩来提升设计质量和居住体验，增强在实际项目中运用色彩的能力，学习如何根据设计主题选择和应用色彩，以确保色彩方案与整体设计风格的一致性，创造出美观和谐的居室空间色彩设计方案。

（二）操作程序

序号	步骤	内容
1	空间分析与需求理解	分析空间的功能、目标用户群体以及预期的氛围。
2	色彩方案制定	根据空间分析和需求理解的结果，结合前期主题方案，制定一个或多个色彩方案，创建一个色彩板，包括主色、辅助色和点缀色。
3	材料选择与样板制作	选择合适的涂料和装饰材料。制作色彩样板，通过实际涂抹颜料来观察不同色彩在特定材质和光线条件下的效果。
4	模拟与预览	使用室内设计软件进行色彩设计的模拟和预览，预见最终效果。
5	反馈与改进	收集业主的反馈，进行改进。

（三）实训作业

制定色彩方案，完成色彩设计效果图。

第六节　灯光设计

一、相关理论知识

居室空间灯光设计指利用灯光达到照明效果的设计方案。居室空间的灯光设计在功能上能够满足人们多种活动的需要，同时也是表达空间形态、营造环境气氛的基本元素。

居室空间灯光设计具有以下几点作用：

一是界定室内空间。运用不同种类、不同效果的照明方式，能够在不同的区域中形成一定的独立性，从而达到界定空间的目的。如图5-47，通过餐桌上方的灯光，将其界定为用餐的地方，与后面的工作区进行分隔。

二是改善空间感。照明方式、灯具种类、光线强弱、色彩等的不同，均可以明显地影响人们的空间感。当采用直接照明时，由于灯光亮度较大，较为耀眼，会给人以明亮、紧凑感；而采用间接照明时，灯光是照到顶棚或墙面之后再反射回来，所以使空间显得较为宽广。在较高的空间中，如果使用体量较大的吊灯，则会使空间显得较低一些。（图5-48）

三是烘托环境气氛。利用光的变化、分布和灯具造型可创造各种视觉环境，烘托室内空间的气氛。如利用数量多、构造简洁的嵌入式点光源，与房间吊顶装饰组合，产生特殊的格调，使室内气氛宁静而不喧闹。在宽敞的起居室中，使用造型优美的水晶吊灯，会显得富丽堂皇。而在儿童房中配合仿动植物外形的灯具，会使房间显得活泼、轻松。

同时，不同色调的光时，也会给室内增添不同的感觉。暖色的灯光会使室内较为温暖，冷色的灯光会使室内较为凉爽。（图5-49）

图 5-47

图 5-48

图 5—49

（一）灯光的照明方式

　　室内常用的几种照明方式，按照灯具光通量的空间分布状况可分为以下五种（图 5-50）。

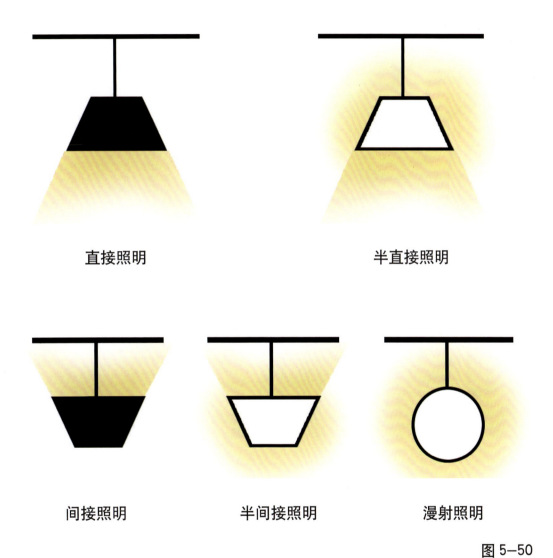

直接照明 半直接照明

间接照明 半间接照明 漫射照明

图 5—50

图 5—51

1. 直接照明

　　指通过灯具射出，其中 90% ～ 100% 的光通量到达工作面上的照明方式。在设计中，由于直接照明强烈的明暗对比，能够产生有趣、生动的光影效果。同时直接照明光通量较高，十分适合应用到书房等对照明要求高的空间，突出工作面在整个环境中的主导地位。但由于亮度较高，需要注意防止眩光的产生。

　　居室空间中常见的直接照明有台灯、钓鱼灯、射灯等。（图 5—51）

图 5—52

2. 半直接照明

　　指将由半透明材料制成的灯罩罩住光源上部，使其中 60%～90% 的光线集中射向工作面，10%～40% 被罩光线又经半透明灯罩扩散而向上漫射的照明方式。其特点是光线比较柔和，是居室空间设计中较为常用的灯光照明方式。

　　居室空间中常见的半直接照明是吊灯。（图 5-52）

图 5-53

3. 间接照明

　　指将光源遮蔽而产生间接光的照明方式，其中 90% ～ 100% 的光通量通过天棚或墙面反射作用于工作面，10% 以下的光线则直接照射工作面。在居室空间设计中，间接照明通常有两种处理方法：一种是将不透明的灯罩装在灯泡的下部，光线射向平顶或其他物体上反射成间接光线；另一种是将灯泡设在灯槽内，光线从平顶反射到室内成间接光线。这种照明方式通常需要和其他照明方式配合使用，能取得特殊的艺术效果。（图 5-53）

图 5—54

4. 半间接照明

　　指将半透明的灯罩装在光源下部，使 60% 以上的光线射向平顶，形成间接光源，而 10% ～ 40% 的部分光线则经灯罩向下扩散的照明方式。这种方式能产生比较特殊的照明效果，使较低矮的房间有增高的感觉。（图 5-54）

5. 漫射照明

指利用灯具的折射功能来控制眩光，将光线向四周扩散、漫散。常见的球形灯就是漫射照明。这类照明光线性能柔和、视觉舒适，适用于卧室等。(图5-55)

图 5—55

（二）居室空间的灯具

从使用功能上，居室空间的灯具大致可以分为主光源灯、辅助光源灯、局部照明灯等；从安装方式上，则可以分为台灯、壁挂灯、吸顶灯、镶嵌灯、吊灯、轨道灯、落地灯等；从制作灯具的材料上，又可以分为水晶灯、金属灯、木制灯、藤制灯等。

（三）居室空间灯光常见的表现方式

1. 面光

面光指将天棚、墙面和地面通过灯光设置做成的发光面。面光的特点是光照分布均匀、光线照度充足、可变换丰富的色彩、表现形式多种多样。

图 5—56

图 5-57

　　在进行面光设计时，通常把界面做成中空双层夹墙，面向展示的一面利用磨砂玻璃和 LED 灯箱片做成发光面装饰，在发光灯片上嵌上彩色玻璃框，或者金属、木制品的装饰，形成发光形象装饰墙面或顶面。面光常被设置在玄关和过道处。（图 5-56、图 5-57）

图 5—58

2. 带光

　　指将光源布置成长条形的光带。带光的表现形式变化多样,有方形、格子形、条形、条格形、环形、三角形以及其他多边形。在起居室空间内,带光一般和主光源组合使用,既能辅助照明,又能烘托室内气氛,让室内照明更具层次感。带光还能被装饰在墙面、地面等处。(图 5-58)

（四）灯具在居室空间中的应用

在起居室、门厅、卧室、书房、厨房、卫浴间中，由于各房间功能不同，所需要的光源也不同，需要根据不同的房间功能选择不同的灯具。

1. 起居室灯具

起居室的功能主要是会客、聊天、休闲娱乐等。起居室的灯光设计宜具有实用性和装饰性两个功能。

实用性设计主要用于日常照明，是为起居室的阅读、视听娱乐等提供恰当、合理的灯光照明；装饰性设计主要是通过照明灯饰营造居室气氛，灯具布置上应选择艺术性较强以及与居室空间风格相协调的灯具，创造出美妙的光环境。（图5-61）

图 5—61

一般起居室的主灯多选用吊灯或者吸顶灯。吊灯的形式很多，常用的有欧式烛台吊灯、中式吊灯、水晶吊灯、羊皮纸吊灯、时尚吊灯、锥形罩花灯、束腰罩花灯、五叉圆球吊灯、玉兰罩花灯、橄榄吊灯等。吸顶灯适用于高度较低的起居室或者是兼有会客功能的多用途房间。

起居室的辅助光源常见有射灯照明和光檐照明。射灯照明是为营造室内照明气氛，在起居室的顶上或壁上安装小射灯或牛眼射灯，能自主地向各角度照射。光檐照明即灯带。光檐照明是一种隐蔽照明，它将照明与建筑结构紧密地结合起来。用于顶面的灯带是将檐口向上，使灯光经顶棚反射下来，从而在天棚上产生漂浮的效果，形成朦胧感，营造的气氛更为迷人。灯带也可用于墙面和地面，利用与墙平行的不透明檐板遮住光源将墙壁照亮，带来戏剧性的光效果，在起到辅助照明的作用之外，重点在于对室内空间的装饰作用。除以上几个主要方式，起居室照明还可用发光顶棚、格栅以及光墙艺术照明等方式进行布置。

客厅的局部照明通常是用壁灯、台灯或立灯，以衬托起居室的主体照明风格，体现光环境的空间感和层次感。

2. 门厅灯具

门厅是入户门到起居室中间的过渡地带，也是人们走进一个居室空间产生的第一印象。这个空间一般比较狭小，光线不够充足，因此必须有良好的照明。

门厅灯具的选择要与室内整体风格相协调。由于一般的门厅处都设计有装饰画和装饰品等，因此，也需要在陈设品上加射灯作为局部照明，以便更好地突出重点，营造环境。

小户型由于面积比较小，门厅在使用上主要考虑到储物等功能，因此，不易采用过长、过大的灯具。同时，为了提升空间的明亮感和高度，在设计门厅灯光的时候，一般也采用平棚内镶嵌射灯和面光灯片的方式来满足照明需求。而将带光设置在柜体上下，也起到辅助照明的作用，是门厅空间储物柜体设计的重要方式。（图 5-62、图 5-63）

图 5-62

图 5—63

图 5-64

3. 卧室灯具

卧室主要满足人们睡眠、休息的需要，环境需要安静、闲适，因此应该避免耀眼的光线和眼花缭乱的灯具造型。一般情况下，会在房间中适当的位置安装一盏色彩柔和的主灯。

随着人们对于卧室空间日益重视，以往"大起居室、小卧室"的情况已经有所改变，如今的卧室往往兼具了更多的功能，如换衣、阅读和睡眠等。因此，卧室的灯光设计必须有很强的灵活性和针对性，一般在主光源的基础上，增添局部针对性照明，一方面满足了照明的需求；另一方面，也避免不同使用者的相互影响。（图5-64）

现在，越来越多的卧室设计中不再使用主光源，而是使用辅助光源和局部照明，这种设计能够让卧室空间气氛更柔和，更适合休息。

图 5-65

4. 书房灯具

　　书房是家庭成员工作和学习的地方，对照明亮度要求较高，一般可采用主光配合局部照明的方式。主光源灯的位置可根据室内的具体情况来定，不一定在书房正中央。灯具的造型也不宜过于华丽，以典雅、隽秀为宜。总体来看，书房的灯具设置要以满足实用功能为主，装饰性功能次之。（图 5-65）

图 5—66

5. 餐厅灯具

　　暖色调灯光能够提高人的食欲，因此餐厅的灯具在选择时，一般多选择暖光。餐厅不宜过亮，光线应该柔和，以便营造出安静的就餐环境。同时，餐厅的灯具应考虑与客厅内的灯具相协调，不同的设计风格，配有不同的餐厅灯具。（图 5-66）

图 5-67

6. 厨房与卫浴间灯具

厨房和卫浴间的灯具以实用为主。厨房作为备餐空间，要保证明亮，最好装一盏顶灯做全面照明，并另设一盏射灯对准煤气灶，以便于操作。现代的厨房在操作台上还设有很多柜子，可以在这些柜子下方加装局部照明灯，以增强操作台的亮度。（图5-67）

由于卫浴间一般没有或仅有很少的自然光，这一区域的照明策划与其他房间相比显得更为重要。卫浴间的焦点往往集中在镜子上，因此应在镜子后面或

图 5-68

正前面都设置灯光。灯具应具有防潮和不易生锈的功能，光源应采用显色指数高的白炽灯。采用壁灯时，要将灯具安装在与窗帘垂直的墙面上，以免在窗上反映出阴影。采用顶灯时，要避免安装在蒸汽直接笼罩的浴缸上面。

普通家庭的厨房和卫浴间或安装铝扣吊顶或者安装 PVC 吊顶，在灯具的选择上，一般都会选择 300mm×300mm 或者 300mm×600mm 的镶嵌灯，也可以根据个人喜好来选择。（图 5-68）

二、实训操作

（一）实训目标

居室空间的灯光设计不仅影响着空间的功能性和美观性，还直接关系到使用者的舒适感和健康。灯光设计实训操作可以帮助掌握从理论到实践的全过程，创造出既满足功能需求又具有美学价值的灯光设计方案。

（二）操作程序

序号	步骤	内容
1	需求分析	掌握空间的使用目的、活动类型、使用者的偏好等灯光设计的重要依据。
2	照明类型选择	根据空间需求选择合适的照明类型。
3	光源选择	选择合适的光源，考虑其色温、显色性、能效和寿命。
4	照明控制	设计照明控制系统，如调光器和智能照明系统，以实现照明的节能和灵活性。可以根据不同的活动和时间，调整照明效果。
5	模拟与设计	使用专业的设计软件，进行灯光效果模拟，帮助设计师预览不同照明方案的效果，并进行调整优化。
6	施工图绘制	绘制详细的照明施工图，包括灯具的位置、类型、数量和连接方式，这些图纸将作为电工施工的依据。
7	安全与规范	在整个设计和施工过程中，遵守相关的安全规范和标准，确保照明系统的安全性和可靠性。
8	反馈与优化	根据使用者的反馈，进行调整和优化。

（三）实训作业

完成一个居室空间的灯光设计方案。

第七节　室内陈设设计

一、相关理论知识

（一）定义

　　室内陈设指在建筑室内空间环境中，对除固定于地面、墙面、顶面及建筑物件、设备以外的一切实用性与观赏性的家具、灯光、织物、装饰工艺品、字画、家用电器、绿植等陈设物品的摆放。（图5-69）室内陈设设计并非仅局限于简单的物品摆放技巧，而是融合了关系学、色彩学、人文学、心理学等多学科的"空间氛围塑造"艺术，其核心在于通过视觉元素传达出精神品质与生活内涵，尤其注重室内的"精神构建"，即室内空间所蕴含的内在气质与氛围的营造。

（二）分类和内容

　　室内陈设分为装饰性陈设与功能性陈设。装饰性陈设的核心在于装饰与观赏。此类陈设不仅丰富了室内空间的艺术氛围，更体现了居住者的文化修养、审美品位及个人爱好。装饰性陈设的具体内容广泛，涵盖雕塑、字画、壁画、摆件、工艺品以及植物等。功能性陈设则强调实用性与观赏性的完美结合。此类陈设不仅满足日常生活需求，同时也为室内空间增添了一抹亮色。功能性陈设包括但不限于家具、织物及家用电器等。

图5-69

图 5-70

（三）室内陈设设计的基本方法

1. 对比法

　　对比或称对照，指将两个视觉元素并置，这两个元素在多个方面呈现显著的反差。尽管这种反差产生了强烈而鲜明的视觉感受，却仍能在整体上保持和谐统一。

图 5—71

　　对比关系的实现主要依赖多种对立因素，如色调的明暗、冷暖，色彩
的饱和程度，色相的不同，形状的大小、粗细、长短、高矮、凹凸，数量
的多少，排列的疏密以及位置等。此外，形态的虚实、黑白、轻重、动静、
隐现、软硬、干湿等也是构成对比关系的重要因素。（图 5-70、图 5-71）

图 5—72

2. 对称法

　　对称可分为点对称和轴对称两种类型。若某一图形能够被一条直线划分为两个完全相等的部分，且这两部分的形状完全一致，则该图形被视为轴对称图形。而若某一图形存在一个中心点，围绕该点旋转后能与原图完全重合，则称之为点对称图形。对称法在古典风格的居室空间设计中常被应用。（图 5-72）

图 5—73

　　呼应是一种形式美，体现均衡原则，包括相应对称和相对对称两种情况。为实现呼应效果，常采用形象对应和虚实对比等手法，如图 5-73。然而，在应用对称法时，应避免过度追求绝对对称，因为这可能导致单调和呆板。相反，在整体对称的基础上，适度引入不对称元素，能够增强构图版面的生动性和美感。

图 5—75

4. 节奏、韵律法

    塑造节奏和韵律感是一项重要的设计手法。节奏原本指音乐中音响节拍的变化与重复，以及音量的轻重缓急。室内陈设中的节奏通过视觉元素的连续重复来实现，创造出一种动态感。

韵律原本指音乐和诗歌中的声韵与节奏。在室内陈设中，如果只是简单地重复单元组合，容易使设计显得单调乏味，因此，设计师会运用规则的变化，以等分、等比等方式来排列形象或色彩群体，使之产生类似音乐和诗歌的韵律感，为室内空间增添韵律之美。（图 5-75、图 5-76）

图 5—77

5. 层次法

    注重空间层次的营造，如色彩变化从冷至暖，照度从明亮逐渐过渡至昏暗，纹理由繁复至简约，造型由大至小、由方形至圆形，构图由聚集至分散，以及材质由单一至多样等，均可视为富有层次感的设计元素。这些层次变化不仅丰富了视觉效果，更为室内空间赋予了独特的魅力。（图 5-77）

图 5—78

（四） 家具的陈设布局方式、要点

1. 按家具在空间中的位置分

（1）周边式布局

指将家具沿房间的四周墙壁进行布置，从而在房间的中央留出空地。这种布局方式有利于空间的集中利用，方便交通流线的组织，同时能够为举办各种活动提供宽敞的面积，并便于在中央位置布置重要的陈列品或装饰物。(图5-78)

图 5-79

（2）岛式布局

指采取中心化的家具布局策略，即将家具置于室内空间的中心位置，并在其周围保留足够的活动空间。此种布局方式的核心思想是突出家具的中心地位，强调其重要性和独立性。同时，通过确保周边区域的活动不会对中心家具造成干扰或影响，进一步增强了布局的实用性和舒适性。（图 5-79）

图 5-80

（3）单边式布局

指将家具集中摆放在室内的一侧，而将另一侧的空间留空。这种布局方式使得工作区域与交通区域明确分开，功能分区清晰、相互干扰小。在这种布局下，交通流线呈现线性特点，当交通线被安排在房间的短边时，能够有效节约交通面积，提高空间利用效率。（图 5-80）

图 5-81

（4）走道式布局

在室内两侧合理安排家具布局，确保中间留有宽敞的通道，以便有效节约交通面积。然而，此种布局方式可能会对两侧区域造成一定程度的干扰。通常情况下，当空间内活动人数较少时，走道式布局是一个实用且高效的选择。（图5-81）

2. 按家具布置格局分

（1）规则式布局

在家具设计中具有广泛的应用，此种布局强调对称美学，清晰呈现空间的轴对称特征，赋予空间稳健和平衡的观感。规则式布局常见于传统风格的室内设计中，其目的在于营造一种庄重、条理分明的氛围，提升空间的秩序感。

（2）自由式布局

作为一种灵活多变的家具陈设形式，自由式布局既融入了变化的元素，又遵循了内在的规律性。这种布局方式以其独特的不对称性赋予了室内空间一种轻松活泼的氛围。通过自由式布局，室内空间的弹性利用得到了显著提升，同时也为展示空间的独特性格和烘托室内环境的风格形式提供了可能，它不仅能够体现室内空间独特的地域特性、时代背景和社会文化特性，更能彰显主人的审美情趣和个人品位。

（3）主题式布局

在视觉设计层面上，着重将室内空间中占据主导地位的家具或陈设品确立为整个空间的核心视觉元素。这种布局方式通过主导家具或陈设品的布置，以描述整体空间环境的特性，并强调家具之间的主从关系。

在主题式布局中，通常要求设定一个明确的布置中心，次要部分需围绕主要部分进行布置，以避免破坏整体布局的和谐与平衡。通过遵循这一原则，可以确保空间布局既有序又不失重点，避免杂乱无章。

3. 家具陈设要点

（1）合理的陈设位置

室内陈设空间的位置各异，包括室内出入口区域、室内中心地带、沿墙区域和靠近窗户阳台的地带等。每个位置的环境参数，诸如采光率、交通流量和室外景观等，均存在差异。同时，它们的使用目的也各不相同。因此，在进行陈设布置时，需综合考虑使用需求，确保各类家具在室内各位置得到妥善安排，以满足功能和美观的双重需求。

（2）合理的陈设流线

室内家具的使用相互关联，例如餐厅内的餐桌、餐具和食品柜，书桌与书架，以及厨房的洗涤、切割等设备与厨柜、冰箱等。这些家具的相互关系是基于人们在使用过程中追求方便、舒适、省时、省力的活动规律而确定的。在进行家务家具布置时，需充分考量家务流线。建议按照储存、清洗、料理的顺序进行规划，合理安排储藏柜、冰箱、水槽、炉具等设备的位置，以减少时间和体力的浪费。这样的布局能够提升人们做家务效率，确保居住空间的实用性与舒适性。

（3）合理的形式和数量

室内家具的陈设应当与整体的室内风格保持和谐统一。此外，家具的数量和比例应当与室内的面积、净高、门窗位置、窗台线以及墙裙等因素相协调，确保家具与室内装修形成一个和谐统一的有机整体。一般来说，家具所占的室内总面积比例不宜过大，需要充分考虑容纳人数以及活动需求，营造舒适的空间感。特别是在那些活动频繁的区域，例如客厅、起居室和餐厅等，应留出更多的空间以便人们自由活动。对于空间较小的区域，应满足基本的使用需求，或者采用多功能家具、悬挂式家具等设计方案，以节省空间并确保足够的活动区域。

（五）织物陈设布置原则

在室内陈设设计中，织物陈设品的应用极为普遍，其重要性不言而喻，往往能够确立室内装饰的整体基调。这些织物陈设品涵盖了椅子、沙发、靠垫的外蒙面、床罩、桌布以及窗帘等种类，它们不仅能够有效调节室内的色彩搭配，改善室内环境，还能补充室内图案的不足，从而营造出和谐的室内艺术氛围。此外，当与家具等其他陈设品协同使用时，织物陈设品还能发挥出柔化、组织和分割室内空间的重要作用，进一步丰富了室内设计的层次感和立体感。

织物陈设布置应遵循以下原则：

1. 个性化与风格统一

考虑居住者的个性化需求，同时保持与室内整体风格的协调。

织物的质地、色彩和图案处理方式对人的生理和心理状态有不同影响。人们通常喜欢轻盈、明亮、滑爽、温暖和柔软的材质，因为它们有助于实现心理平衡。然而，个人性格、兴趣和文化修养的差异导致对织物环境的需求不同，因此，在设计和选择织物时，应尊重个体差异，并充分考虑个体需求。（图5-82）

图 5-82

图 5—83

在选择织物时，应确保其风格与整体室内设计保持高度一致。在同一室内环境中，所选织物在图案和色彩上应避免过多和过于复杂，特别是在空间较小的区域内更应谨慎选择。因此，在选择织物的风格和色彩时，需充分考虑其所处的环境，确保与整个居室的色彩相协调。同时，织物的纹样尺寸也需与空间尺寸相适应，以达到最佳的视觉效果。（图5-83）

2. 功能性与美观性并重

在满足使用功能的同时，追求空间的美观和舒适。

3. 色彩与形式的和谐

通过色彩和形式的搭配，增强空间的立体感和艺术氛围。

4. 秩序感与整体性

织物布置要有序，与室内环境形成统一的整体。

（六） 室内绿植的布置要点

1. 协调色彩

　　室内绿植的选取和布置，必须结合居室空间的色彩环境。对于以淡色调或亮色调为主的室内空间，建议搭配叶色深沉的观叶植物或色彩鲜艳的花卉，以增强空间的层次感和视觉效果。而将清新淡雅的花卉置于深色系的柜台或案头之上，能够有效提升花卉色彩的明亮度，为室内环境带来一种振奋人心、充满活力的氛围。

图 5-84

2. 协调形式

在室内绿化装饰过程中，需依据植物的不同姿态，选择其摆放形式和位置。同时，亦需注重与其他相关花盆、器具及饰物的搭配，确保整体布局的和谐。具体而言，悬垂类花卉宜置于高台花架或柜橱之上，甚至可悬挂于高处，以突显其自然垂坠之美；而色彩鲜艳的植物则宜放置于低矮台架上，便于观赏其绚烂色彩。对于直立且形态规则的植物，应将其摆放在视线集中的位置，以彰显其规整之美。在空间较大的区域，可选择摆放丰满、匀称的植物，必要时可采取群体布置的手法，将高大的植物与矮生品种巧妙摆放在一起，以达到更加突出的装饰效果。（图 5-84、图 5-85）

图 5-85

（七） 陈设艺术品的布置要点

陈设艺术品又称室内装饰性陈设物，指纯粹以观赏为目的，不具备实用价值的物品，其主要目的是为了满足审美需求和精神追求。陈设艺术品能够提升室内环境的艺术品位，引导人们的情感融入其中，从而营造出一种独特的艺术氛围。

1. 强调秩序感

室内陈设艺术品布置的秩序感对于人的心理体验具有显著影响。若布置显得杂乱无章，会令人感到焦虑不安；而若布置井然有序，则能使人感到宁静与舒适。因此，在规划室内艺术品布置时，应追求有序、条理分明的设计原则，从内容、色彩到造型，均应合理分组与分类，确保大小比例协调，同时保持适当的间隔空间，避免过于拥挤。

2. 整体配置协调

室内陈设艺术品的配置应当与室内的装修风格和家具风格保持协调一致。如在现代风格明显的居住空间中，可以选择更具抽象特征的装饰画来点缀；在充满传统韵味的居住环境中，则可以选择更为写实的油画或国画等艺术品进行装饰。此外，对于陈设艺术品的尺寸和比例，也需要进行合理的把控，以营造出和谐、美观的室内环境。（图5-86）

图 5-86

二、实训操作

（一）实训目标

室内陈设设计实训操作是一个实践性的过程，旨在通过具体的任务和活动来提高在室内陈设设计方面的技能和理解。通过这些实训操作，不仅能够提升自身的室内陈设设计能力，还能够学习如何将理论知识应用于实际情境中，培养创新思维和解决问题能力。

（二）操作程序

序号	步骤	内容
1	项目分析	研究和分析设计项目，收集主题设计相关的背景信息，如建筑风格、历史背景、文化元素等，以确保陈设设计与空间环境协调一致。
2	设计方案制定	根据项目分析的结果，制定初步的室内陈设设计方案。设计方案应包括家具布局、织物选择、装饰品搭配和植物配置等元素。
3	材料选择	根据设计方案，考虑到成本效益，通过材料选择合适的家具、织物、装饰品。
4	模型制作与模拟	利用设计软件或实体模型来模拟室内陈设布局，确保设计方案的可行性和视觉效果。通过模型或虚拟仿真技术，对设计方案进行调整和优化。
5	效果评估与反馈	完成陈设后，对最终效果进行评估，包括视觉考察美感、功能性和舒适度等方面。展示成果并收集反馈意见，以便进一步改进设计方案。

（三）实训作业

制定室内陈设设计方案，选择合适的家具、织物、装饰品和照明设备，并利用设计软件或实体模型来模拟室内陈设布局。